ZOOLOGIE DESCRIPTIVE,

ou

HISTOIRE NATURELLE

DES ANIMAUX.

PARIS, IMPRIMERIE DE DECOURCHANT,
rue d'Erfurth, n° 1, près de l'Abbaye.

Zoologie Descriptive,

OU

HISTOIRE NATURELLE

DES ANIMAUX

APPLIQUÉE A L'AGRICULTURE.

PAR V. RENDU,

AVOCAT A LA COUR ROYALE DE PARIS, ANCIEN ÉLÈVE DE L'INSTITUT AGRICOLE
DU MESNIL-SAINT-FIRMIN, CORRESPONDANT DE LA SOCIÉTÉ D'AGRICULTURE
DE BOULOGNE-SUR-MER, DE L'ACADÉMIE DES SCIENCES DE TOULOUSE.

> Interrogez les animaux, et ils vous
> enseigneront ; consultez les oiseaux
> du ciel, et ils seront vos maîtres;
> Parlez à la terre, et elle vous ré-
> pondra, et les poissons de la mer vous
> instruiront:
> Car, qui ignore que c'est la puis-
> sance de Dieu qui a fait toutes ces
> choses ?
>
> Job, chap. XII, v. 7, 8, 9.

TOME PREMIER.

Animaux vertébrés.

Paris,

J. ANGÉ, ÉDITEUR,

RUE GUÉNÉGAUD, 19;

VERSAILLES,

LIBRAIRIE DE L'ÉVÊCHÉ, RUE SATORY, 28.

1838

PRÉFACE.

—

Nous possédons plusieurs ouvrages élémentaires sur la zoologie. Dans ces derniers temps, cette partie de la science a été traitée avec talent par d'habiles professeurs; aussi, n'aurions-nous pas songé à entreprendre ce nouveau travail, si nous n'eussions eu pour but spécial de présenter l'histoire naturelle des animaux dans les ressources qu'elle peut offrir à l'agriculture.

Aujourd'hui que l'industrie demande à la science des applications usuelles et que l'instruction pénètre dans toutes les classes de la société, il n'est plus permis de rester étranger à des connaissances devenues vulgaires et qu'exigent nos propres intérêts. Nous avons donc cherché à réunir dans un cadre assez restreint ce qu'il importe le plus aux cultivateurs de savoir en zoologie : c'est pour eux surtout que ce traité a été composé.

La méthode que nous avons suivie est celle du *Règne animal,* dont la classification est admise par le plus grand nombre des naturalistes.

A la tête de la série zoologique nous avons placé l'homme, mais considéré uniquement sous le point de vue de son organisation physique, et comme type principal de comparaison; si nous l'avions envisagé par rapport à ses facultés intellectuelles, nous aurions dû lui assigner un rang tout à fait distinct parmi les êtres créés.

Les savants traités de G. Cuvier et de Latreille ont été nos principaux guides; toutefois, sans cesser de nous conformer à leur plan, nous avons cru devoir adopter certaines modifications dans plusieurs coupes de distribution, et renfermer, autant que possible, notre travail dans la limite des genres et des espèces propres à la France : les exemples tirés du pays même donnent plus d'intérêt à l'histoire naturelle et la rendent à la fois plus pratique et plus utile.

ZOOLOGIE

DESCRIPTIVE,

OU

HISTOIRE NATURELLE DES ANIMAUX.

La zoologie descriptive est cette branche de l'histoire naturelle qui a pour objet l'étude des animaux considérés d'après leurs formes, leurs habitudes et leurs propriétés.

Tous les animaux répandus à la surface

du globe ont été divisés en quatre grands embranchements : les *Vertébrés*, les *Mollusques*, les *Articulés* et les *Rayonnés* ou *Zoophytes*.

Ier Embranchement.

LES ANIMAUX VERTÉBRÉS

(ANIMALIA VERTEBRATA.)

—

C'est parmi les vertébrés qu'on trouve les plus grandes espèces. Ces animaux, semblables à l'homme par leur conformation, ont le corps muni, à l'intérieur, d'une charpente osseuse nommée *squelette*, et présentent tous une tête, un tronc et des membres.

La tête se compose du crâne qui renferme une portion très-développée de la masse nerveuse appelée *cerveau*, et de la face formée de deux mâchoires placées l'une au-dessus de l'autre.

Le tronc est soutenu par l'épine dorsale et les côtes.

L'épine dorsale, qu'on nomme aussi *échine, colonne vertébrale*, est formée de vertèbres mobiles les unes sur les autres, dont l'ensemble constitue un canal destiné à loger la moelle épinière. Chez la plupart des vertébrés, l'épine se prolonge en une queue au delà des membres postérieurs.

Les côtes existent presque toujours.

Les membres ne dépassent jamais le nombre de quatre, mais ils varient suivant les différents mouvements qu'ils ont à exécuter; ainsi, chez certains vertébrés, les membres antérieurs sont façonnés en mains, en pieds, en ailes ou en nageoires : quelquefois les membres n'existent pas.

Le sang est toujours rouge.

Les organes de la vue, de l'ouïe, de l'odorat et du goût sont logés dans les cavités de la face.

Les sexes sont séparés ; les petits, tantôt naissent vivants, tantôt, avant d'éclore, sortent du corps de leur mère sous forme d'œufs.

Les vertébrés forment quatre classes, savoir : les mammifères, les oiseaux, les reptiles et les poissons.

1ʳᵉ CLASSE DES VERTÉBRÉS.

LES MAMMIFÈRES.

—

Les individus de cette classe sont caractérisés par la présence de *mamelles*, glandes qui, chez les femelles, sécrètent le lait destiné à servir de nourriture première aux jeunes animaux. La plupart ont le corps revêtu de *poils* ; ces poils, d'après leur consistance variée, sont aussi appelés *duvet, laine, crins, soies, piquants* ; ils tombent, en général, au printemps ou à l'automne, et sont remplacés par d'autres : c'est ce qu'on désigne sous le nom de *mue*.

Tous les mammifères ont la mâchoire supérieure fixée au crâne ; la mâchoire inférieure ne se compose que de deux pièces : l'une et l'autre sont le plus souvent armées de dents dont le nombre et la forme varient suivant le régime de l'animal. Les unes, nommées dents *incisives*, placées en devant et taillées en biseau, sont propres à saisir et à couper ; les autres, appelées *laniaires*, rangées sur les côtés, ordinairement plus longues et plus pointues, servent à déchirer ; les dents qui viennent ensuite ont reçu le nom de *molaires* : elles sont comprimées et tranchantes dans les animaux qui vivent de chair, hérissées de pointes chez les animaux qui se nourrissent d'insectes, garnies de tubercules mousses ou couronnées par une surface aplatie lorsqu'elles doivent broyer, comme une meule, les substances plus ou moins résistantes dont l'animal se nourrit.

Le cou des mammifères, excepté dans une seule espèce, est formé de sept vertèbres.

Le plus grand nombre sont pourvus de quatre membres.

Le sens du toucher offre de nombreuses modifications. Dans les mammifères pourvus de mains, le tact s'exerce avec une grande facilité; il est nul ou du moins fort imparfait dans les espèces où l'ongle enveloppe le doigt en totalité : cet organe, en outre, est d'autant plus émoussé, que l'animal est plus couvert de poils.

Le sens du goût existe toujours, mais plus ou moins intense.

Le sens de l'odorat est très-développé chez les mammifères carnassiers; il est moindre dans les espèces qui se nourrissent d'insectes, de fruits, de grains ou de végétaux.

Le sens de la vue diffère suivant que l'animal est nocturne, qu'il vit à la lumière du jour, sous terre ou dans l'eau. Les mammifères nocturnes ont les yeux proportionnellement plus gros que les mammifères diurnes, et leur pupille, au lieu de rester circulaire sous l'influence du jour, se contracte en fente. Les mammifères qui passent la plus grande partie de leur vie sous terre ont les yeux très-petits, quelquefois même réduits à de simples vestiges. Chez les mammifères aquatiques le cristallin est plus sphérique que dans les autres mammifères, conformation que l'on retrouve dans l'œil des poissons, et qui s'explique par la densité du milieu où vivent ces animaux.

Le sens de l'ouïe varie également d'après la différence des mœurs. Les espèces aquatiques ou souterraines ont la conque auditive à peine saillante ; cette partie de l'oreille est en général bien prononcée chez les autres mammifères ; dans quelques espèces même elle reçoit un développement considérable et présente la forme d'un cornet mobile.

Les mammifères respirent à l'aide de deux poumons renfermés dans la cavité que forme la poitrine, et séparés de l'abdomen par le *diaphragme*, muscle particulier à cette classe d'animaux.

Leur sang est chaud, leur cœur présente deux ventricules et deux oreillettes ; la circulation est double, c'est-à-dire que le sang, qui arrive des extrémités par les veines, se rend dans les poumons avant que des artères le reportent à ces mêmes extrémités.

Enfin, tous naissent vivants.

D'après la considération des organes du toucher et de la manducation, G. Cuvier partage la classe des mammifères en neuf ordres: les bimanes, les quadrumanes, les carnassiers, les marsupiaux, les rongeurs, les édentés, les pachydermes, les ruminants et les cétacés.

Ier ORDRE DES MAMMIFÈRES.

LES BIMANES.

—

Les *bimanes* tirent leur nom des mains qui terminent leurs membres antérieurs, c'est-à-dire que les pouces de ces membres peuvent être opposés aux autres doigts ; leur colonne vertébrale est verticale.

Cet ordre, constitué d'après un seul genre, ne comprend qu'une seule espèce : l'homme.

De l'Homme.

Si l'on ne considérait l'homme que sous le point de vue de l'intelligence et de la raison, son étude ne serait point du domaine de l'histoire naturelle, science qui traite spécialement de la matière ou des corps ; mais indépendamment des qualités immatérielles qui le distinguent et en font un être tout à fait à part, son organisation présente des analogies frappantes avec celle d'un grand nombre d'animaux : ce n'est donc pas à tort que les naturalistes ont pris l'homme pour type de structure et terme de comparaison, et l'ont placé à la tête de l'échelle zoologique.

CONFORMATION PARTICULIÈRE DE L'HOMME.

Tous les organes de l'homme, d'après leurs fonctions, peuvent être répartis en deux classes : les uns ont pour but la conservation de l'individu, ce sont les organes du mouvement, de la digestion, de la respiration et de la circulation; on peut encore y joindre comme secondaires les organes des sens et de la parole ; les autres sont chargés de la reproduction de l'espèce, tel est l'appareil de la génération.

Des organes du mouvement, ou de l'appareil locomoteur.

L'appareil locomoteur se compose de deux sortes d'organes, organes passifs, les os ; organes actifs, les muscles.

Des os.

Les *os*, leviers du mouvement, tantôt pairs, tantôt impairs, et, dans ce dernier cas, toujours situés sur la ligne médiane du corps, sont longs, plats, ou courts; leurs saillies donnent en général attache aux muscles. Les os longs, placés dans les membres, présentent un renflement à leur extrémité ; ordinairement prismoïdes, et comme contournés sur eux-mêmes, ils renferment dans leur intérieur un canal destiné à loger la moelle. La membrane qui recouvre les os et leur transmet les sucs nutritifs à l'aide des nombreux vaisseaux qui la traversent, a reçu le nom de *périoste ;* elle leur adhère plus ou moins fortement, suivant l'âge de l'individu. L'ensemble des os constitue le *squelette* : celui-ci se divise en tronc, tête et membres.

Le *tronc*, terminé supérieurement par la tête, inférieurement par le bassin, renferme les viscères. Il a pour tige l'épine du dos, espèce de colonne formée de vertèbres liées les unes aux autres, et se prolongeant en canal. Les vertèbres sont au nombre de vingt-quatre, savoir : sept à la région cervicale, douze à la région dorsale, cinq lombaires, cinq sacrées et trois coccygiennes. La première des vertèbres cervicales supporte la tête, les douze dorsales portent chacune deux côtes, les lombaires n'en portent point. Les os des hanches s'insèrent sur l'os appelé *sacrum*, les vertèbres coccygiennes représentent la queue, et forment le *coccyx* ou *croupion*.

La colonne vertébrale remplit trois usages extrêmement importants, d'après lesquels on doit envisager son mécanisme : 1° elle contient un canal destiné à loger la moelle épinière ; 2° elle sert de point d'appui au tronc ; 3° elle est le centre de ses mouvements, soit qu'on l'examine en totalité, soit qu'on l'étudie dans ses différentes parties.

Considérées comme formant le canal médullaire, les vertèbres sont construites de manière à préserver la moelle de toute espèce de compression, dont la moindre occasionnerait infailliblement la mort. Quant à la station, la colonne vertébrale transmet le poids du corps au bassin ; enfin, sous le dernier point de vue, elle exécute des mouvements de totalité, en d'autres termes, des mouvements de flexion, d'extension, d'inclinaison latérale, de circumduction et de rotation.

En général, la longueur de la colonne vertébrale ne subit que de légères variations ; les différences de stature dépendent plutôt des membres, et si l'affaissement des cartilages invertébraux diminue temporairement sa hauteur après une longue station, elle ne tarde pas à reprendre son état primitif après une position horizontale de quelques moments. Son épaisseur va toujours croissant de la partie supérieure à la partie inférieure.

Les côtes s'articulent avec la colonne vertébrale ; leur ensemble constitue la cavité antérieure du tronc désignée sous le nom de *poitrine* ou *thorax* : sa forme représente un cône un peu déprimé en devant. Considérée quant à sa capacité générale, la poitrine tient le milieu entre le crâne et l'abdomen ; elle comprend une partie de la colonne vertébrale, et de plus, des parties qui lui appartiennent en propre : le *sternum*, placé sur la partie antérieure et médiane, et les côtes ou arcs osseux qui la cuirassent, et dont les mouvements en élargissent ou rétrécissent la cavité. Une cloison musculeuse sépare la poitrine de l'abdomen, cette cloison se nomme diaphragme.

L'extrémité inférieure du tronc, ou le *bassin*, est une grande cavité osseuse, ouverte en haut et en bas, divisant le corps en deux parties presque égales, dont les parois supportent en arrière la colonne vertébrale, et s'appuient en devant sur les os de la cuisse. Sa charpente est très-simple, elle comprend les os iliaques et le pubis. Les *os iliaques* constituent les *hanches*. Les fonctions du bassin consistent à soutenir le tronc dans la station et la position assise, à présenter une base immobile aux mouvements de la cuisse et à déterminer une cavité où viennent se loger quelques-uns des organes de la digestion et la plupart des organes de la génération.

La *tête*, ou renflement céphalique, repose sur la colonne vertébrale ; elle se compose du crâne et de la face.

Le *crâne* est une boîte ovalaire contenant le *cerveau, organe présumé de l'intelligence*. Sa base est percée d'un grand trou donnant issue à la moelle épinière. Des sutures le partagent en huit os, savoir : un occipital, deux temporaux, deux pariétaux, un frontal, un ethmoïde et un sphénoïdal. Chez l'enfant, le crâne est ouvert à sa partie supérieure et cède aisément à la pression externe ; chez l'adulte, au contraire, il est complétement fermé à sa partie supérieure et présente une forte résistance.

La *face* est cette région de la tête placée au-devant de la partie inférieure du crâne ; son ensemble offre l'aspect d'un triangle tronqué, dont la base est en haut et le sommet en bas; elle comprend les narines, les fosses orbitaires et la bouche.

Les *membres*, ou appendices moins nécessaires que le tronc, se divisent d'après leur position en extrémité supérieure ou thoracique, et en extrémité inférieure ou pelvienne. L'*extrémité supérieure* comprend : l'épaule, le bras, l'avant-bras et la main. L'*épaule*, située à la partie supérieure, latérale et postérieure du tronc, se compose de l'*omoplate*, os plat, et de la *clavicule*, os long et contourné en *S* sur lui-même. L'épaule représente un levier angulaire; son étendue transversale n'est pas la même chez l'homme que chez la femme; sa direction varie suivant ses divers mouvements. En général, elle est inclinée d'avant en arrière dans la position naturelle. Le *bras* n'a qu'un seul os, l'*humérus*, qui se meut en tous sens sur l'omoplate. L'*avant-bras* en a deux, le *cubitus*, qui se fléchit et s'étend sur l'humérus, et se trouve retenu en arrière par une tubérosité nommée *olécrane ;* et le *radius,* dont la mobilité circulaire entraîne la main et la fait tourner. _

La *main* est réunie à l'avant-bras par le *poignet* ou *carpe ;* elle se compose de cinq os longs, terminés chacun par un doigt. La réunion de ces cinq os constitue le *métacarpe,* ou la paume et le dos de la main. Les osselets des doigts se nomment *phalanges.* L'extrémité supérieure est essentiellement destinée à la préhension.

L'extrémité inférieure se compose de trois parties, savoir : la cuisse, la jambe et le pied.

La *cuisse,* le plus long de tous les os humains, s'articule avec le bassin dans une cavité nommée *cotyloïde ;* elle n'est formée que d'un seul os, le *fémur.* La jambe en a deux, le *tibia,* en dedans, le *péroné,* en dehors. La *rotule,* ou *os du genou,* a pour but d'empêcher la jambe de se porter trop en avant ; elle répond à l'olécrane quant à ses effets. Le *tarse,* ou *coude-pied,* joint le pied à la jambe ; il est formé de sept os ; l'un d'eux, le *calcanéum*, constitue le *talon* par sa tubérosité. Le *métatarse* comprend cinq os longs ; les osselets qui viennent ensuite ont reçu le nom d'*orteils*.

L'usage de l'extrémité inférieure est de supporter le corps et de le mouvoir.

Comme on le voit, l'extrémité supérieure et l'extrémité inférieure ont entre elles une grande analogie ; elles subissent seulement quelques modifications, d'après les fonctions qu'elles remplissent. C'est ainsi que le bras correspond à la cuisse, l'avant-bras à la jambe, la main au pied, etc... Mais les os de l'avant-bras sont mobiles l'un sur l'autre, tandis que ceux de la jambe ne peuvent que se fléchir sur le fémur. Le pied s'articule à angle droit avec la jambe ; la main, au contraire, se trouve placée sur la même ligne que l'avant-bras ; l'un a des mouvements très - limités dans ses orteils, les doigts de l'autre les ont très - développés.

Des muscles.

Les *muscles*, ou organes actifs de la locomotion, sont des faisceaux de chairs, d'une couleur rouge, conséquence du sang qui les abreuve, terminés par des fibres blanches plus serrées, dont l'assemblage prend le nom de *tendons*. Les tendons servent à fixer les muscles et impriment aux os des mouvements plus ou moins étendus, suivant la forme des surfaces articulaires et la disposition des ligaments. Les muscles sont distribués dans toutes les parties du corps; leurs fonctions varient suivant la place qu'ils occupent. C'est ainsi que ceux de la poitrine peuvent être regardés comme de véritables inspirateurs et expirateurs; ceux de l'épaule communiquent aux membres supérieurs des mouvements d'abduction, d'adduction, d'élévation, d'abaissement et de circumduction; les muscles de l'abdomen, en se contractant, compriment de toutes parts les organes renfermés dans cette cavité, et contribuent à l'évacuation des matières qu'ils contiennent; les muscles de la face reflètent les différentes passions qui nous agitent : on sait combien chacun d'eux est doué de mobilité.

De l'appareil digestif.

L'action des organes du mouvement étant presque continuelle, les pertes qu'elle entraîne devaient être nécessairement réparées, aussi le sont-elles aux dépens de certains corps extérieurs qui, par suite d'une modification préalable, viennent faire partie de nous-mêmes. C'est à ces divers phénomènes qu'on a donné le nom de *nutrition;* les organes qui concourent à l'accomplissement de cette fonction constituent l'*appareil digestif.*

Un long conduit, étendu de la bouche à l'anus et offrant des renflements de distance en distance, forme le tube digestif, dont les différentes parties sont désignées par des noms spéciaux. Des *glandes* plus ou moins volumineuses sont répandues sur son trajet; leur usage est de sécréter des *humeurs* propres à faciliter la digestion. Le mécanisme de la digestion est très-compliqué. La main transmet les aliments à la bouche, qui leur fait subir une première préparation à l'aide des mâchoires dont l'inférieure seule est mobile. Ils sont broyés ou mâchés; les *glandes parotides* et *maxillaires* les imbibent de salive et préparent leur dissolution; la langue, alors, les ramène de toutes les parties de la bouche, en forme une masse dite *bol alimentaire*, et, la rejetant en arrière, la pousse dans le *pharynx* ou *gosier*. Le pharynx est le commencement du canal alimentaire; la contraction des muscles qui forment ses parois chasse bientôt les aliments dans l'*œsophage*; celui-ci les transmet à l'*estomac,* après avoir traversé le *diaphragme*, pour pénétrer dans le *bas-ventre*. L'estomac, placé dans l'*hypocondre gauche*, présente l'aspect d'une cornemuse ; ainsi, il offre une grande et une petite courbure. La liqueur qu'il produit imprègne les aliments et les réduit en une pâte homogène, grisâtre, que l'on désigne sous le nom de *chyme*. Son orifice d'entrée est appelée *cardia*, celui de sortie *pylore*. Ce dernier est garni extérieurement d'une valvule qui se dilate pour laisser passer les substances chymifiées, et se contracte aussitôt que des matières non réduites se présentent pour franchir l'estomac.

A partir de l'estomac, le tube digestif prend le nom d'*intestins*, et remplit de ses circonvolutions la plus grande partie du bas-ventre : on le distingue en *intestin grêle* et *gros intestin*. L'intestin grêle n'offre aucun renflement dans son étendue ; sa longueur égale cinq ou six fois celle du tronc. Il se subdivise en *duodénum*, *jéjunum* et *iléon*. Au duodénum viennent aboutir des conduits qui lui amènent certains fluides produits par deux glandes, le *foie* et le *pancréas*. Le foie secrète la *bile*, et le pancréas une humeur que l'on croit analogue à la salive. Lors de son passage dans le duodénum, le chyme se trouve humecté par ces liqueurs, qui en séparent les matières nutritives et facilitent leur absorption. La pâte chymeuse, poussée ensuite lentement à travers le reste de l'intestin grêle par les contractions successives de cet organe, se trouve bientôt débarrassée du *chyle*, son principe nutritif, par les vaisseaux absorbants. La digestion est très-avancée ; mais pour qu'elle soit complète, les aliments doivent parvenir dans le gros intestin.

Le gros intestin forme la dernière partie du tube digestif ; il se partage en *cœcum*, *colon* et *rectum* : celui-ci se rend directement à l'*anus*. Une fois dans le gros intestin, la masse alimentaire, dépouillée du chyle, prend le nom de *fèces* ; plus elle approche du rectum, plus elle devient brune et nauséabonde. Pendant son trajet, les vaisseaux absorbants du colon et du cœcum achèvent de lui enlever le peu de chyle qu'elle contient encore ; enfin, parvenue au rectum, elle s'y accumule en telle quantité, que le corps éprouve le besoin d'en être soulagé : la digestion est terminée.

De l'appareil de la respiration.

Si la nourriture est nécessaire à la conservation de la vie, la *respiration* est une condition non moins indispensable de l'existence. En effet, telle est l'organisation animale, que l'air, après avoir séjourné quelque temps dans la poitrine, éprouve une modification : une partie du gaz oxygène dont il se compose a été absorbée par la respiration, et se trouve remplacée par une portion d'acide carbonique ; cet air est donc altéré et doit être expulsé de la poitrine pour faire place à une nouvelle quantité d'air atmosphérique. Les *poumons* sont les agents de la respiration ; ils sont formés de *deux grandes masses cellulaires,* *compressibles,* soumises à l'action des gaz et logées dans les parties droite et gauche du thorax. Chacune des masses pulmonaires aboutit à un seul tuyau appelé *bronche ;* les deux bronches s'unissent dans un conduit cartilagineux nommé *trachée - artère,* qui s'ouvre dans le gosier au-dessous des fosses nasales. A l'extrémité supérieure de la trachée-artère se trouve le principal organe de la voix, ou le *larynx.* L'air qui y pénètre fait vibrer des espèces de cordes tendues dans son intérieur. La langue et les lèvres articulent les sons. Lorsque la poitrine se dilate, l'air extérieur se précipite par son élasticité dans les masses cellulaires ; il en sort lorsqu'elle se contracte. Ce mécanisme constitue *l'inspiration* et *l'expiration.*

De l'appareil de la circulation.

Le chyle et la *lymphe* * renouvellent le sang

* On appelle *lymphe* un liquide qui parcourt un

et entretiennent ainsi la composition de toutes les parties; mais, pour jouir complétement de ses propriétés nutritives, le sang doit respirer, c'est-à-dire que, par un double circuit, il doit venir puiser dans le poumon cette chaleur vivifiante dont il est le foyer, pour la répandre ensuite dans tout l'organisme. Ce double circuit constitue la *circulation;* le *cœur* en est à la fois le principe et le centre. Il est situé au-devant de la poitrine, entre les deux poumons, et contient quatre cavités : l'*oreillette* et le *ventricule droits,* l'*oreillette* et le *ventricule gauches.* Les cavités d'un même côté communiquent entre elles; mais dans l'adulte elles ne communiquent pas ordinairement avec celles du côté opposé. Chez l'homme, la circulation e t double. Un ordre de *vaisseaux,* les *artères,* portent le sang du cœur aux extrémités; les *veines* le rapportent

système de vaisseaux absorbants destinés à reporter dans le sang les humeurs recueillies de diverses parties des organes.

des extrémités au cœur. Ce phénomène a lieu de la manière suivante : l'oreillette gauche, étant pleine de sang, se contracte et le fait passer dans le ventricule gauche qui, stimulé par la même cause, subit une contraction semblable et le pousse dans les artères. Parvenu à leurs extrémités, le sang, qui, sur son passage, s'est dépouillé de ses particules nutritives, a perdu sa couleur ; de rouge et vermeil qu'il était, il devient noirâtre ; les veines, alors, le reprennent pour le conduire dans l'oreillette droite ; mais, avant son entrée dans cette partie du cœur, le chyle se mêle à lui. De l'oreillette droite, le sang passe dans le ventricule droit, dont les contractions le chassent dans l'*artère pulmonaire*. Celle-ci le répand dans les cellules du poumon où il est mis en contact avec l'air extérieur ; il en absorbe l'oxygène, et de *sang veineux* devient *sang artériel*. Ainsi vivifié, les veines le rapportent à l'oreillette gauche, d'où il est parti dans le principe.

Des organes des sens.

Les sens, chez l'homme, sont au nombre de cinq, savoir : la vue, l'ouïe, l'odorat, le goût et le toucher.

Les organes de la *vue* et de *l'ouïe* sont analogues à certains instruments d'optique et d'acoustique ; ils concentrent sur un point les rayons lumineux et les ondes sonores, les *nerfs* impressionnés en transmettent la sensation au cerveau.

L'odorat réside dans la *membrane pituitaire* qui tapisse les fosses nasales et se trouve continuellement baignée par une humeur muqueuse.

La *langue* est le siége du goût ; elle est revêtue d'une peau fine sans cesse humectée ; son extrémité supérieure est douée d'une délicatesse plus grande que celle de toutes les autres parties.

La *peau* générale du corps constitue le

cinquième sens ou l'organe du *toucher ;* celui-ci réside principalement dans la pulpe des doigts.

De l'appareil de la génération.

Jusqu'ici les divers appareils de la locomotion, de la nutrition, de la respiration et de la circulation ont servi à expliquer le mécanisme de la vie, il n'en est pas de même des organes de la génération. On sait bien qu'ils servent à continuer l'espèce ; mais quelle est la production du germe? comment l'homme reçoit-il l'existence? c'est un mystère dont la solution paraît devoir échapper à toutes nos recherches. Pour l'expliquer, on est réduit à cette conjecture, que le *fœtus* existe tout formé dans le corps de la mère, mais à l'état de sommeil, et que la *conception* ne fait que le réveiller et lui imprimer une impulsion végétative. Une fois l'existence du germe admise, la génération est facile à saisir :

tant que le fœtus séjourne dans l'*utérus*, son existence ne lui appartient pas en propre, il reçoit sa nourriture par un cordon de vaisseaux sanguins, adhérant d'une part à son nombril, de l'autre à une masse vasculaire appelée *placenta* ; il vit en quelque sorte en parasite, c'est-à-dire qu'il est nourri comme l'un des organes de sa mère.

Développement physique de l'homme.

La gestation dure neuf mois. Dans les premiers temps de sa naissance, l'enfant est très-faible ; il ne voit pas, n'entend pas, et ne fait que chercher, par instinct, le sein de sa mère. Vers le deuxième mois, il commence à sourire ; pendant les six premiers mois, il ne fait entendre que des cris, sa voix alors se développe, et vers la fin de la première année il articule des sons.

La formation des dents s'opère dans l'intérieur même des mâchoires. En général, ce sont les incisives qui percent les premiéres la gencive ; viennent ensuite les dents laniaires, puis après quatre molaires. Vers la septième année, les dents de lait tombent, c'est-à-dire que les incisives, les laniaires et les molaires de la première dentition font place à de nouvelles dents plus fortes; enfin vers l'âge de vingt à vingt-cinq ans, paraissent quatre autres dents molaires désignés sous le nom de *dents de sagesse :* les mâchoires sont alors armées de trente-deux dents, dont huit incisives, quatre laniaires et vingt molaires.

« L'enfant, dit G. Cuvier, croît toujours
» de moins en moins. Il a à sa naissance
» plus du quart de sa hauteur, il en atteint
» moitié à deux ans et demi, les trois quarts
» à neuf ou dix ans ; ce n'est guère qu'à
» dix-huit ans qu'il cesse de croître. L'homme
» surpasse rarement six pieds, et il ne reste
» guère au-dessous de cinq. La femme a
» ordinairement quelques pouces de moins.
» La puberté se manifeste par des signes

» extérieurs, de dix à douze ans dans les
» filles, de douze à seize ans dans les gar-
» çons ; elle commence plus tôt dans les pays
» chauds : l'un et l'autre sexe produisent
» rarement avant l'époque de cette manifes-
» tation.

» A peine le corps a-t-il atteint le terme
» de son accroissement en hauteur, qu'il
» commence à épaissir. La graisse s'accu-
» mule dans le *tissu cellulaire* ; les différents
» vaisseaux s'obstruent graduellement ; les
» solides se roidissent ; et après une vie plus
» ou moins longue, plus ou moins agitée,
» plus ou moins douloureuse, arrivent la vieil-
» lesse, la caducité, la décrépitude et la mort. »

DES RACES HUMAINES.

Bien que l'espèce humaine soit unique, on
distingue cependant parmi les individus qui
la composent certains caractères tranchés

qui se transmettent de génération en génération et constituent ce qu'on nomme des *races*.

Cinq races principales embrassent tous les
individus de l'espèce humaine, ce sont : la
race blanche ou caucasique, la race jaune ou
mongolique, la race noire ou éthiopienne,
la race hyperboréenne, et la race améri-
caine.

RACE BLANCHE OU CAUCASIQUE.

La *race blanche* ou *caucasique*, à laquelle
appartiennent la plus grande partie des peuples de l'Europe, ceux du nord de l'Afrique
et de la partie occidentale de l'Asie, se reconnaît à la beauté de l'ovale que forme sa
tête, au développement de son front, au peu
de saillie de ses pommettes, ainsi qu'à ses
cheveux longs et flexibles, dont la couleur
varie.

Cette race a reçu son nom des montagnes
situées entre la mer Caspienne et la mer
Noire, où son prototype existe encore dans la

Circassie et la Géorgie : c'est d'elle que sont issus les peuples les plus civilisés.

RACE JAUNE OU MONGOLIQUE.

La *race jaune* ou *mongolique* diffère de la race caucasique par ses pommettes saillantes, son visage plat, son front bas, ses yeux obliques et étroits, ses cheveux droits et noirs, sa barbe rare et son teint plus ou moins jaunâtre. Elle comprend les Mongols, les Kalmouks, les Chinois, les Japonais, les Siamois et les peuples de la Nouvelle-Hollande et des îles de la mer du Sud.

RACE NOIRE OU ÉTHIOPIQUE.

Les individus de cette race habitent les côtes du midi de l'Afrique, depuis le Sénégal jusqu'à la mer Rouge. Leur front plat, leur nez épaté, leurs lèvres épaisses, leur peau noire et leurs cheveux crépus les font aisément reconnaître.

RACE HYPERBORÉENNE.

Les individus de la *race hyperboréenne* ont le visage plat, court, arrondi, le nez écrasé, les cheveux noirs, courts et plats, la peau brune. On y rapporte les peuples du Labrador, les Esquimaux d'Amérique, les habitants du Thibet, les Kamtshadales en Asie, les Lapons et les Samoièdes en Europe.

RACE AMÉRICAINE.

Cette race, à laquelle il est difficile d'assigner des caractères bien précis par suite de l'extrême variété qu'on observe entre les individus, se fait remarquer en général par son teint cuivreux, sa barbe rare et ses cheveux plats, longs et noirs. On la trouve principalement au Mexique, au Pérou et dans le Brésil. Les peuples du nord de l'Amérique appartiennent, ainsi qu'il a été dit plus haut, à la race hyperboréenne.

Ces différentes races d'hommes peuvent s'unir indistinctement entre elles ; de leur mélange résultent des produits dont les formes et les couleurs tiennent le milieu entre celles de leurs auteurs : ils jouissent tous de la faculté de se reproduire.

2ᵉ ORDRE DES MAMMIFÈRES.

LES QUADRUMANES.

—

Les quadrumanes sont des mammifères onguiculés, pourvus de quatre mains. Ils ont les trois sortes de dents : incisives, laniaires et molaires ; les yeux dirigés en avant, les mamelles placées sur la poitrine, et la fosse temporale séparée de l'orbite par une cloison osseuse. Tous leurs membres servent ordinairement à la marche; la station bipède ne peut être que momentanée. Le rapport articulaire de la tête et de la colonne vertébrale, des membres et du bassin, et quelques autres particularités organiques, expliquent le défaut d'équilibre et nécessitent l'emploi simultané des quatre membres dans la progression. Du reste, ces animaux présentent entre eux des différences bien tranchées. Un grand nombre sont munis de *callosités* aux fesses, c'est-à-dire que les os ischions sont revêtus d'une peau épaisse et parcheminée; plusieurs ont des *abajoues*, véritables poches creusées dans l'intérieur de la bouche, et qui peuvent servir de magasins pour renfermer des provisions. Chez les uns, les ongles sont plats; chez les autres, ils sont comprimés et pointus. Quelques-uns manquent de queue; toutefois la plupart en sont pourvus, et, dans certains genres, cette queue est *prenante*, c'est-à-dire susceptible de s'enrouler autour des corps par son extrémité; la queue prenante peut être considérée, à cet égard, comme un cinquième membre.

Les quadrumanes sont des animaux extrêmement agiles, doués d'un instinct généralement très-développé, mais qui ne saurait être assimilé à l'intelligence dont l'homme seul est doué. Tous habitent les forêts et passent la plus grande partie de leur vie sur les arbres; ils se nourrissent de fruits, de racines et d'insectes. G. Cuvier, dans le *Règne animal,* partage l'ordre des quadrumanes en deux familles, les singes et les makis, entre lesquelles il place un groupe intermédiaire, celui des ouistitis ne se rapportant bien ni à l'un ni à l'autre. Dans ces derniers temps, on a joint aux quadrumanes une troisième famille, désignée par les auteurs sous le nom de chéiromiens.

Première famille.

—

Les Singes (*Simia,* Linnæus).

Ont, à chaque mâchoire, quatre dents incisives, droites, non séparées ; leurs laniaires dépassent les autres dents, elles correspondent à un vide dans la mâchoire opposée et s'y logent quand la bouche est fermée. Leurs molaires n'ont que des tubercules mousses. Tous leurs ongles sont plats. D'après la considération des molaires, on divise les singes en deux grandes tribus : les singes de l'ancien continent et les singes du nouveau continent.

—

PREMIÈRE TRIBU.

LES SINGES DE L'ANCIEN CONTINENT

Ont dix molaires à chaque mâchoire, ce

qui leur fait en tout trente-deux dents. Tous, à l'exception des orangs et des chimpansés, ont des callosités aux fesses ; leur queue, quand ils en ont, n'est jamais prenante ; leurs narines, séparées par une cloison mince, sont ouvertes comme chez l'homme. Ils comprennent plusieurs genres, dont les principaux sont : les orangs, les chimpansés, les guenons et les cynocéphales.

LES ORANGS (*Pithecus*, Geoffroy)

Ont les jambes courtes et les bras proportionnellement très-longs; ils manquent de callosités, de queue et d'abajoues ; leur nez n'est point saillant. On n'en connaît qu'une espèce, c'est :

L'Orang-outang (*Pithecus satyrus*, Desm.). L'angle facial de 65°, le corps trapu, surmonté d'une grosse tête, le pelage d'un roux uniforme; il atteint environ trois pieds de hauteur.

L'orang-outang habite la grande île de Bornéo. Pris jeune, il s'apprivoise aisément; Buffon en possédait un individu qu'il avait dressé à le servir à table; depuis, le Muséum d'histoire naturelle, à Paris, a possédé deux autres orangs-outangs dont les mœurs ont offert les mêmes caractères de sociabilité.

LES CHIMPANSÉS (*Troglodytes*, Geoff.)

Diffèrent des orangs par leurs bras plus courts et par leur angle facial, qui est seulement de 50°; leur front est presque nul.

LES GUENONS (*Cercopithecus*, Erxleben)

Ont, comme les chimpansés, un angle facial de 50°, mais ils ont des abajoues, une queue et des fesses calleuses; leur front s'efface brusquement en arrière.

Les guenons habitent en troupes les contrées chaudes de l'Afrique; elles causent de grands dégâts dans les lieux cultivés.

LES CYNOCÉPHALES (*Cynocephalus*, Cuvier

Ont des abajoues et des callosités comme les guenons, mais leur museau est allongé et comme tronqué à l'extrémité ; leurs narines sont percées tout à fait à l'extrémité du museau.

Ce sont, en général, des singes grands et féroces ; la plupart habitent l'Afrique.

—

DEUXIÈME TRIBU.

LES SINGES DU NOUVEAU CONTINENT

Ont, à chaque mâchoire, deux molaires de plus que les singes de l'ancien continent, ce qui porte le nombre total de leurs dents à trente-six ; aucun d'eux n'a de callosités ni d'abajoues ; leurs narines sont percées sur les côtés.

Les uns, désignés communément sous le

nom de *sapajous,* ont la queue prenante ; tels sont, entre autres, les atèles et les sapajous proprement dits.

LES ATÈLES (*Ateles,* Geoff.)

Ont la tête plate ; les pouces des membres antérieurs sont en tout ou en partie cachés sous la peau ; l'extrémité de leur queue est dépourvue de poils inférieurement.

LES SAPAJOUS PROPREMENT DITS (*Cebus,* Erxl.)

Diffèrent des atèles par leur tête ronde, par leurs pouces bien distincts aux extrémités, ainsi que par leur queue couverte de poils dans toute son étendue.

A ce genre appartient l'espèce recherchée en Europe pour la ſfacilité avec laquelle on l'apprivoise, c'est :

Le *Sapajou gris* (*Cebus griseus,* Desm.). Le pelage brunâtre en dessus, fauve en dessous ;

les mains noires, une calotte noirâtre sur la tête. Sa voix consiste dans un petit cri flûté.

Les autres singes du nouveau continent, désignés sous le nom général de *sakis*, n'ont pas la queue prenante. Toutes les espèces de ce genre habitent l'Amérique.

LES OUISTITIS (*Arctopithecus*, Geoff.)

Ressemblent aux singes du nouveau continent par l'absence d'abajoues, par leur visage plat, leurs narines ouvertes sur les côtés, et par leurs fesses privées de callosités ; mais ils n'ont que trente-deux dents, de même que les singes de l'ancien continent. Tous leurs ongles, excepté ceux des extrémités postérieures, sont pointus et comprimés ; leur queue n'est pas prenante.

Les ouistitis sont de petits animaux particuliers aux contrées chaudes de l'Amérique ; leur naturel est très-doux.

Deuxième famille.

—

Les Makis (*Lemur*, Lin.)

Comprennent, suivant Linnæus, tous les quadrumanes qui ont les incisives de la mâchoire inférieure, soit en nombre différent de quatre, soit autrement dirigées que dans les singes ; leurs molaires sont armées de tubercules pointus. Tous ont l'index des membres postérieurs muni d'un ongle pointu et relevé ; les ongles des autres doigts sont plats.

Les makis sont des animaux nocturnes, à pelage laineux ; toutes les espèces connues sont particulières à l'île de Madagascar.

Troisième famille.

—

Les Chéiromiens
(*Cheiromys*, Illiger)

Diffèrent de tous les quadrumanes précédents par leur dentition, qui est celle des rongeurs. On n'en connaît qu'une seule espèce, découverte par Sonnerat à Madagascar, c'est :

L'*Aye-aye* (*Cheiromys madagascariensis*, Desm.), animal nocturne, de la taille d'un chat; le pelage brun, mêlé de jaune, la queue longue et touffue, les oreilles grandes et nues; tous ses membres ont cinq doigts. Le doigt médius des extrémités antérieures est plus grêle et plus long que les autres.

L'aye-aye, compris par certains auteurs dans l'ordre des rongeurs, est rangé aujourd'hui à la suite des makis; ses membres postérieurs, munis de pouces opposables, justifiient cette place.

3ᵉ ORDRE DES MAMMIFÈRES.

LES CARNASSIERS.

—

L'ordre des carnassiers se compose de tous les mammifères onguiculés qui possèdent les trois sortes de dents, et qui n'ont point de pouce opposable aux extrémités antérieures. Aucun d'eux n'a de poches ventrales où puissent se réfugier les petits. Le condyle de leur mâchoire inférieure a son grand diamètre transversal ; il est réuni à la mâchoire supérieure par des ligaments courts et serrés, dispositions anatomiques qui ne permettent que les mouvements d'élévation et d'abaissement. Tous les carnassiers se nourrissent de matières animales; leurs intestins sont peu volumineux, comparativement à ceux des mammifères herbivores.

On les divise en trois familles, savoir : les chéiroptères, les insectivores et les carnivores.

Première famille.

Les Chéiroptères

Sont caractérisés par des extensions cutanées qui embrassent les intervalles des membres et des doigts, et leur permettent ainsi de se soutenir dans l'air, et même d'y voler, lorsque les extrémités antérieures sont très-développées. Leurs mamelles sont placées sur la poitrine, au lieu d'être situées sur le ventre, comme dans les autres carnassiers ; tous sont armés de quatre laniaires très-fortes ; leur progression à terre s'exécute par une sorte de reptation.

Les chéiroptères sont rapportés à deux grandes subdivisions : les chauves-souris et les galéopithèques.

—

LES CHAUVES-SOURIS (*Vespertilio*, Lin.)

Ont les extrémités antérieures très-allongées et comprises dans un repli de la peau qui les transforme en instruments de progression comparables à des ailes. Le pouce des extrémités antérieures est armé d'un ongle crochu. Les muscles pectoraux, très-développés, sont attachés sur une arête que présente le sternum ; les extrémités postérieures sont grêles et terminées par cinq doigts entièrement libres et pourvus d'ongles ; les yeux sont très-petits ; la bouche est très – fendue.

Les chauves-souris sont des animaux crépusculaires qui, le jour, se tiennent dans les lieux sombres et n'en sortent qu'aux approches de la nuit. La plupart vivent d'insectes qu'elles saisissent en volant. Dans nos climats, elles passent l'hiver dans l'engourdissement, se retirent dans les carrières, l'intérieur des arbres, les cavernes, les vieux édifices, et s'y suspendent aux voûtes par les extrémités postérieures, leurs ailes, en général, les enveloppant à la manière d'un manteau. Les chauves-souris s'accouplent et mettent bas pendant l'été. D'après leur mode de nourriture, on les divise en deux tribus : les *frugivores* et les *insectivores.*

A la première tribu appartiennent les *Roussettes* (*Pteropus*, Briss.), caractérisées par leurs mâchelières à couronnes plates ; leur doigt index, de moitié plus court que le doigt médius, est muni d'un petit ongle. Ce genre renferme les plus grandes chauves-souris con-

-nues. Toutes les espèces sont étrangères à
l'Europe ; elles habitent, en général, les Indes
orientales.

La tribu des insectivores se compose des
chauves-souris qui ont de chaque côté de la
mâchoire trois mâchelières hérissées de
pointes coniques ; l'index des extrémités n'a
jamais d'ongles. Elle comprend, entre autres genres, les phillostomes, les rhinolophes,
les chauves-souris proprement dites et les
oreillards.

LES PHILLOSTOMES (*Phyllostoma*, Cuv., Geoff.)

Sont caractérisés par une membrane d'apparence foliacée, située transversalement sur
l'extrémité du nez ; chaque mâchoire est pourvue de quatre incisives.

C'est à ce genre qu'il faut rapporter l'espèce depuis longtemps célèbre sous le nom
de *Vampire* (*Phyllostoma spectrum*, Geoff.),
brun-roux ; la feuille nasale ovalaire et creu-

sée en entonnoir. De l'Amérique méridionale. On croit qu'elle suce le sang des hommes et des animaux endormis.

LES RHINOLOPHES (*Rhinolophus,* Cuv., Geoff.)

Ont le nez circonscrit par un large rebord imposé au chanfrein et simulant un fer à cheval; les feuilles nasales sont membraneuses et très-complexes; leur mâchoire supérieure n'a que deux incisives, l'inférieure en porte quatre. Leur queue est longue et se trouve comprise dans la membrane interfémorale.

Deux espèces, en France, sont très-communes dans les carrières, savoir :

Le *grand Fer-à-cheval* (*Rhinolophus unihastatus,* Geoff.); deux feuilles nasales; l'antérieure sinueuse, la postérieure lanciforme;

Le *petit Fer-à-cheval* (*Rhinolophus bihas-*

tatus, Geoff.), de moitié plus grêle que le précédent; deux feuilles simulant un fer à cheval sur le nez; oreilles profondément échancrées.

LES CHAUVES – SOURIS PROPREMENT DITES
(*Vespertilio*, Cuv., Geoff.)

Ont le museau libre; quatre incisives, dont les deux moyennes écartées à la mâchoire supérieure, six à la mâchoire inférieure. Leur queue est comprise dans la membrane interfémorale.

La France en possède plusieurs espèces, parmi lesquelles :

La *Chauve-souris commune* (*Vespertilio murinus*, Lin.), brun dessus, gris-clair dessous; les oreilles oblongues, de la longueur de la tête; l'oreillon en forme d'alène;

La *Noctule* (*Vespertilio noctula*, Lin.),

fauve, les oreilles triangulaires, plus courtes que la tête ; l'oreillon arrondi ;

La *Pipistrelle* (*Vespertilio pipistrellus*, Lin.), plus petite que les précédentes ; brun-noirâtre ; les oreilles triangulaires.

LES OREILLARDS (*Plecotus*, Geoff.)

Diffèrent des chauves - souris proprement dites par leurs oreilles beaucoup plus grandes que leur tête et soudées l'une à l'autre sur le crâne ; leur oreillon est grand et lancéolé ; leur trou auditif est pourvu d'un opercule.

Nous en avons une espèce en France, c'est :

L'*Oreillard commun* (*Plecotus auritus*, Geoff.), remarquable par ses oreilles, qui égalent presque la longueur de son corps.

—

LES GALÉOPITHÈQUES (*Galeopithecus*, Pall.)

Sont caractérisés par leurs extrémités antérieures, dont les doigts, tous armés d'ongles, ne sont pas plus allongés que ceux des extrémités postérieures ; aussi la membrane qui prend aux côtés du cou et s'étend jusqu'à la queue ne remplit-elle que l'office d'un parachute. Leurs laniaires sont dentelées et ne dépassent pas les molaires ; la mâchoire supérieure n'a que deux incisives pareillement dentelées ; la mâchoire inférieure en porte six, fendues en laniaires, analogues à des dents de peigne.

Les galéopithèques sont des animaux particuliers à l'archipel des Indes ; ils vivent sur les arbres et se nourrissent principalement d'insectes.

L'espèce connue, le *Galéopithèque roux* (*Galeopithecus rufus*, Geoff.), a le pelage gris-roux en-dessus, roussâtre en-dessous ; sa taille égale presque celle d'un chat.

Deuxième famille.

—

Les Insectivores

Se reconnaissent à leurs mâchelières hérissées de pointes coniques ainsi qu'à leurs membres courts et séparés les uns des autres. Tous appuient la plante entière du pied en marchant. Ils vivent d'insectes; leurs habitudes sont généralement lentes, nocturnes et souterraines; la plupart hibernent pendant l'hiver.

Parmi les genres de cette famille on distingue les hérissons, les musaraignes, les desmans et les taupes.

LES HÉRISSONS (*Erinaceus*, Lin.)

Ont la partie supérieure du corps revêtue de poils roides nommés *piquants*, dont la base, renflée comme une tête de clou, est prise sous la peau ; ces poils ne tombent jamais au temps de la mue. Un muscle peaussier, de forme elliptique, composé de fibres parallèles, libre vers les flancs, fixé antérieurement sur le crâne, postérieurement sur le sacrum et sur les premières vertèbres caudales, se contracte de telle manière, que l'animal, en ramenant la tête et les membres vers l'abdomen, peut se resserrer en boule et ne présenter ainsi qu'une surface hérissée. Leur queue est très-courte ; leurs membres ont cinq doigts. Chaque mâchoire porte six incisives dont les mitoyennes sont les plus longues.

Nous en avons une espèce en France, c'est :

Le *Hérisson ordinaire* (*Erinaceus europœus*, Lin.), caractérisé par ses oreilles courtes. Il vit d'insectes et de fruits. On employait autrefois sa peau pour serancer le chanvre. Cet animal ne se sert pas de ses piquants, ainsi qu'on le croit communément, pour transporter à son terrier les **fruits dont** il se nourrit.

LES MUSARAIGNES (*Sorex*, Lin.)

Ont le museau très - effilé, les oreilles courtes et arrondies ; la mâchoire supérieure est munie de deux incisives, lesquelles sont crochues et dentées à la base ; les deux incisives de la mâchoire inférieure sont couchées et prolongées. Chaque flanc est garni d'une bande de petits poils serrés entre lesquels suinte une humeur odorante sécrétée par des organes spéciaux. Tous leurs membres ont cinq doigts.

Les musaraignes sont des animaux généralement petits ; elles se tiennent dans des trous et ne sortent guère que vers le soir ; elles vivent d'insectes, de vers et de graines.

On en connaît beaucoup d'espèces ; les plus communes en France sont :

La *Musaraigne des sables* (*Sorex araneus*,

Lin.), grise dessus, cendrée dessous; la queue carrée, d'un tiers moins longue que le corps. Dans les prés et les bois secs. Cette espèce n'est nullement dangereuse pour les chevaux, ainsi qu'on le croit dans certains pays.

La *Musaraigne d'eau* (*Sorex Daubentonii*, Erxl.), plus grande que la musaraigne des sables, noire dessus, blanche dessous; la queue comprimée à son extrémité; les pieds bordés de cils roides qui lui facilitent le nager; ses incisives sont teintes de roux; ses oreilles peuvent se fermer au moyen d'une valvule quand elle plonge. Au bord des ruisseaux et des sources.

LES DESMANS (*Mygale*, Cuv.)

Diffèrent des musaraignes par deux petites dents incisives placées entre les deux grandes incisives latérales qu'offre la mâchoire inférieure de ces carnassiers, et par leur museau allongé et mobile; leurs yeux sont très-petits ; leur queue longue, écailleuse et comprimée ; leurs membres, terminés par cinq doigts que réunissent des membranes interposées, en font des animaux essentiellement aquatiques.

Nous en avons une espèce en France, c'est :

Le *Desman des Pyrénées* (*Mygale pyrenaica*, Geoff.) ; le pelage brunâtre dessus, blanchâtre dessous ; la queue plus longue que le corps. Il se nourrit de lombrics et surtout de sangsues qu'il extrait de la vase à l'aide de son museau mobile. On le trouve aux environs de Tarbes, près des ruisseaux.

LES TAUPES (*Talpa*, Lin.)

Ont le corps trapu, la tête allongée en pointe et le museau armée à son extrémité d'une espèce de boutoir soutenu par un osselet particulier ; elles s'en servent pour ouvrir

et soulever la terre ; leurs yeux sont très-
petits ; elles manquent d'oreilles externes ;
leur bras, très-court, très-musclé, se termine
par une main extrêmement large et confor-
mée de manière à pouvoir déchirer le sol et
rejeter la terre en arrière. Cette main est
tranchante à son bord interne, la paume en
est tournée en dehors ; on y distingue à
peine les doigts qui sont tous accolés les uns
aux autres, mais les ongles qui les terminent
sont longs, forts, plats, et tranchants. Le
sternum est surmonté d'une arête où viennent s'attacher des muscles pectoraux considérables. Les mâchoires sont faibles ; la
mâchoire supérieure est armée de deux
fortes laniaires et de six incisives dressées ;
la mâchoire inférieure manque de laniaires
et porte huit incisives couchées. Le sens de
l'ouïe est très-développé chez ces animaux ;
celui de la vue, au contraire, est tellement
faible, que plusieurs auteurs en ont nié
l'existence.

Les taupes habitent particulièrement les terrains cultivés ; elles s'y creusent de longues galeries fermées de toutes parts. La taupe en sort rarement ; elle y trouve les racines, les vers et les insectes destinés à sa nouriture ; c'est là qu'elle fait ses petits. La place où elle les dépose est indiquée à l'extérieur par un large dôme, lequel s'appuie sur un sol battu, rendu imperméable à l'eau, et qui forme plafond au-dessus du nid. A celui-ci communiquent plusieurs routes souterraines déclives par lesquelles la mère peut sortir pour aller chercher la substance nécessaire à ses petits ; toutes sont fermées et battues, elles s'étendent à douze ou quinze pas, et partent du domicile, comme les rayons d'un centre .

Les taupes sont répandues dans les deux continents ; on n'en connaît qu'une seul espèce, c'est :

La *Taupe commune* (*Talpa europœa*, Lin.) ;

le pelage soyeux, d'un noir ardoisé ; la queue très-courte.

Dans les prés dont la culture est négligée, les taupes causent beaucoup de dégâts en sillonnant la terre dans tous les sens, et en amoncelant de nombreux monticules à la surface du sol, ce qui empêche de faucher l'herbe d'aussi près ; mais dans les exploitations bien dirigées, chaque année, au printemps, on étend les taupinières avec un instrument appelé *étaupinoire* : cette opération, facile et peu dispendieuse, contribue à rechausser les plantes et à hâter leur végétation ; il faut seulement avoir soin de ne renverser les taupinières que lorsque l'herbe commence déjà à grandir, car plus tôt, on s'exposerait à voir bientôt un grand nombre de monticules se former de nouveau. Dans beaucoup de pays, les cultivateurs sont dans l'usage de payer une somme annuelle à des *taupiers* qui parcourent tour à tour les départements, et font métier de tendre des piéges aux taupes.

----•••----

Troisième famille.

—

Les Carnivores,

Ainsi nommés parce que leur appétit pour la chair est plus développé que dans les deux familles précédentes, ont généralement à chaque mâchoire deux grosses et longues laniaires entre lesquelles sont placées six incisives. Leurs molaires varient; elles sont entièrement tranchantes ou mêlées de tubercules mousses, mais jamais elles n'offrent de pointes coniques comme celles des chéiroptères et des insectivores. Ces animaux sont d'autant plus exclusivement carnivores, que leurs dents mâchelières sont plus complétement tranchantes. Les molaires antérieures sont les plus pointues, on les désigne sous le nom de *fausses molaires* ; la grosse molaire qui les suit immédiatement et celle qui lui est opposée à la mâchoire inférieure portent, dans le plus grand nombre des carnivores, un talon à la base, on les appelle *carnassières* ; les molaires postérieures sont déprimées, elles sont nommées *tuberculeuses.*

D'après la considération des dents et des extrémités postérieures, les animaux de la famille des carnivores se partagent en trois tribus, savoir : les plantigrades, les digitigrades et les amphibies.

—

PREMIÈRE TRIBU.

LES PLANTIGRADES.

La tribu des plantigrades comprend les carnivores qui appuient la plante entière du pied en marchant; tous leurs membres ont cinq doigts. Ces animaux participent à la vie lente et nocturne des insectivores. Les genres les mieux caractérisés sont : les ours, les coatis et les blaireaux.

LES OURS (*Ursus*, Lin.)

Ont le corps couvert de poils longs et fourrés, la queue très-courte, les ongles forts et les tuberculeuses entièrement mousses; ils sont en partie frugivores.

Principales espèces :

L'*Ours brun d'Europe* (*Ursus arctos*, Lin.); le front convexe, le pelage brun, laineux dans le premier âge.

L'ours brun d'Europe vit solitaire dans les forêts profondes et sur les montagnes élevées, telles que les Alpes et les Pyrénées. Pris jeune, il est susceptible d'éducation ; c'est l'espèce que l'on promène dans les villes.

L'*Ours de la mer glaciale* (*Ursus maritimus,* Lin.) ; la tête allongée et aplatie, le pelage brun et lisse. C'est le plus grand de tous les ours connus. Des côtes du Spitzberg et du Groënland.

La peau de ces deux espèces est employée comme fourrure.

LES COATIS (*Nasua,* Storr.)

Se reconnaissent à leur nez excessivement allongé et mobile ; leur queue est longue ; leurs doigts sont réunis par une membrane dans une partie de leur étendue.

Ces animaux habitent les contrées chaudes de l'Amérique.

LES BLAIREAUX (*Meles*, Brisson)

Ont le corps allongé et bas sur jambes, la queue courte, les doigts engagés dans la peau, et les membres antérieurs armés d'ongles robustes et très-longs. Ces animaux sont en outre pourvus, sous l'anus, d'une poche de laquelle suinte une humeur grasse et fétide.

La France en possède une espèce, c'est :

Le *Blaireau ordinaire* (*Meles vulgaris*, Desm.), grisâtre dessus, noir dessous ; de chaque côté de la tête une bande longitudinale noirâtre passant sur l'œil et sur l'oreille.

Le blaireau vit solitaire ; il se creuse près des bois un terrier tortueux et profond et n'en sort que pour chercher sa nourriture. Son pelage sert à fabriquer des brosses à barbe.

—

DEUXIÈME TRIBU,

LES DIGITIGRADES.

Les digitigrades sont ainsi nommés parce qu'ils ne marchent que sur l'extrémité des doigts, le talon étant toujours relevé dans la progression à terre. Ils forment trois subdivisions.

La première subdivision renferme les digitigrades *vermiformes*, c'est-à-dire les espèces dont le corps allongé est porté sur des pieds courts; ils n'ont qu'une dent tuberculeuse à la mâchoire supérieure.

Bien que faibles et d'une taille généralement petite, ils sont très-cruels et très-avides de sang. Tous leurs membres ont cinq doigts armés d'ongles très-acérés. Linnæus les comprenait tous dans son grand genre *Mustela*; on en forme aujourd'hui deux groupes : les martes et les loutres.

LES MARTES (*Mustela*, Lin.)

Ont tous les doigts libres; leur train de derrière surpasse celui de devant. G. Cuvier les partage en plusieurs genres : les principaux sont les putois et les martes proprement dites.

LES PUTOIS (*Putorius*, Cuv.)

Se reconnaissent à leur carnassière inférieure entièrement tranchante. La plupart exhalent une odeur infecte; ils ne sortent guère que la nuit.

Nous en avons plusieurs espèces :

Le *Putois commun* (*Putorius communis*); brun, les flancs jaunâtres, des taches blanches à la tête. Près des lieux habités, où il cause de grands dégâts en détruisant la volaille.

Le *Furet* (*Putorius furo*); le pelage jaunâtre, les yeux roses. C'est l'espèce dont on se sert pour *fureter* le lapin, c'est-à-dire pour le chasser de son terrier. Le furet est originaire d'Afrique ; en France on l'élève en domesticité.

La *Belette* (*Putorius belettus*) ; le dessus du corps d'un roux uniforme, le ventre d'un blanc pur. Près des lieux habités, dans les champs.

L'*Hermine* (*Putorius ermineus*) ; brun-roussâtre dessus pendant l'été, blanche pendant l'hiver ; le bout de la queue noir en tout temps.

L'hermine n'est pas très - commune en France ; son pelage y conserve toujours une légère teinte jaunâtre. Les plus belles hermines viennent du nord de l'Europe. Tout le monde connaît l'usage qu'on fait de leur fourrure, qui, de leur nom, s'appelle hermine.

Les martes proprement dites diffèrent des

putois par leur carnassière inférieure qui est déprimée postérieurement.

La France en possède deux espèces ; ce sont :

La *Marte commune* (*Mustela martes,* Lin.) ; brune, la gorge marquée d'une tache jaune. Dans les bois.

La *Fouine* (*Mustela foina,* Lin.), assez semblable à la marte commune ; sa gorge et sa poitrine sont blanchâtres.

La fouine vit près des lieux habités ; elle se nourrit d'œufs, de volaille et de gibier.

Ces deux espèces sont estimées pour leur fourrure, qu'on vend sous le nom de *martes de France*; mais l'espèce la plus recherchée sous ce rapport, est la *Marte zibeline* (*Mustela zibellina,* Lin.) ; elle habite la Sibérie, et diffère spécifiquement des précédentes par ses membres garnis de poils jusque sous les doigts.

LES LOUTRES (*Lutra*, Storr.)

Ont les doigts palmés, la queue et la tête déprimés. Ces animaux se nourrissent principalement de poissons; ils nagent avec une grande facilité, même contre le courant, et peuvent rester fort longtemps entre deux eaux sans venir respirer à la surface; leur pelage fournit d'excellentes fourrures.

La France en possède une espèce que l'on rencontre dans les étangs, les lacs et les rivières; c'est :

La *loutre commune* (*Lutra vulgaris*, Erxl.); brune dessus, blanchâtre dessous, le menton et la gorge d'un gris pâle.

Les espèces exotiques, remarquables par la couleur foncée de leur pelage, ne doivent être considérées, suivant M. Geoffroy Saint-Hilaire, que comme des variétés de la loutre commune dues à l'influence solaire.

La seconde subdivision des digitigrades se compose des animaux qui ont deux tuberculeuses derrière la carnassière supérieure, laquelle est pourvue elle-même d'un large talon. Ils se nourrissent surtout de chair, et, bien que doués d'une grande force, la plupart sont peu courageux.

Les principaux genres de cette sous-division sont les chiens et les civettes.

LES CHIENS (*Canis,* Lin.)

Ont cinq doigts aux membres antérieurs et quatre aux membres postérieurs.

Nous en avons plusieurs espèces en France, savoir :

Le *Chien domestique* (*Canis familiaris,* Lin.) ; la queue recourbée. Il en existe des variétés nombreuses, auxquelles G. Cuvier donne pour type le *Mâtin* (*Canis laniarius,* Lin.). Les variétés les plus tranchées du chien domestique, et qui, peut-être, constituent des races distinctes, sont :

1º Le *Dogue* (*Canis molossus*, Lin.), nommé *bull-dog* par les Anglais; les mâchoires vigoureuses, les lèvres pendantes, le nez retroussé, la tête aplatie vers le front ;

2º Le *Chien de berger* (*Canis domesticus*, Lin.) ; les oreilles droites, le poil roide et grossier ;

3º Les *Lévriers* (*Canis grajus*, Lin.) ; le corps effilé et très-haut sur jambes, l'abdomen étroit, le museau pointu ;

4º Le *Barbet* ou *Caniche* (*Canis aquaticus*, Lin.) ; le poil crépu, laineux et frisé ;

5º Le *Chien braque* (*Canis avicularius*, Lin.) ; le corps épais, les oreilles longues et pendantes ;

6º Le *Chien basset* (*Canis rutagus*, Lin.) ; le corps gros, allongé, les jambes très-basses, droites ou torses.

Toutes ces variétés se montrent susceptibles de perfectionnement ; à leur tête, sous ce rapport, il faut placer le caniche, puis viennent ensuite le chien de berger et le chien braque.

En France, depuis quelques années, on élève une nouvelle race de chiens appelés *chiens de Terre-Neuve*. Ces animaux constituent une espèce distincte ; en effet, leurs doigts sont réunis par des membranes intermédiaires très-prononcées. Un instinct spécial porte ces animaux à plonger quand un corps est englouti sous les eaux en leur présence. On a senti combien cet instinct pourrait être employé avec bonheur dans les secours qu'une administration prévoyante doit assurer aux noyés. Déjà quelques tentatives heureuses ont été faites, mais l'autorité n'a pas encore pris de mesure générale. Cependant, il serait à désirer qu'on échelonnât sur les bords des principaux fleuves cette race vraiment utile.

Les religieux du Mont Saint-Bernard dressent une variété particulière de chiens (les dogues) à courir, par les temps de neige et de brouillards, sur les vestiges des malheureux ou des voyageurs égarés dans les montagnes. Il ne faut pas confondre cette habitude bienfaisante des chiens du Mont Saint-Bernard avec l'instinct sauveur des chiens de Terre-Neuve : la première est l'ouvrage de l'homme, l'autre est l'œuvre de la nature.

Le type primitif du chien sauvage n'existe plus ; les chiens que l'on trouve encore libres dans certaines parties de l'Amérique, proviennent d'individus domestiques oubliés ou abandonnés.

Le chien ne grandit plus à deux ans ; la femelle porte pendant six semaines et met bas de quatre à huit petits ; ceux-ci sont vieux à douze ans et ne vivent guère au delà de vingt.

Le chien est particulièrement sujet à la *gale* et à la *rage* ; il éprouve encore une affection nerveuse toute spéciale, connue sous le nom de *maladie des chiens*.

On le guérit de la gale en le frottant avec

de la fleur de soufre mêlée de graisse et d'essence de térébenthine.

La maladie des chiens se dénote par des convulsions presque toujours accompagnées de lassitude profonde ; on la combat avec succès lorsque, dès son invasion, on fait prendre au chien un purgatif énergique, tel, par exemple, qu'une décoction de feuilles de pêcher ; on lui pose en même temps un seton au bas de la nuque.

Quant à la rage, on ne connaît point encore de remède sûr et infaillible contre cette maladie, c'est pourquoi il faut tuer immédiatement l'animal qui en est atteint. On voit qu'un chien est enragé quand il témoigne de l'horreur pour l'eau et pour les corps brillants ; ses yeux rougissent, son poil se dresse, sa gueule est béante et souillée d'une bave écumeuse ; il porte la tête basse et la queue fortement serrée entre les jambes ; les autres chiens le fuient de terreur et poussent des cris à sa vue. Toute personne mordue par un chien enragé doit, le plus vite possible, cautériser à fond la blessure avec un fer rougi à blanc et faire venir aussitôt un médecin.

Le *Loup* (*Canis lupus*, Lin.); la queue droite et pendante, le pelage gris-fauve, les jambes fauves, les membres antérieurs marqués d'une raie noire chez l'adulte.

C'est l'animal le plus féroce de nos contrées. Il vit solitaire dans les forêts, n'attaque l'homme que par nécessité; mais lorsqu'il se trouve pressé par la faim, il descend par bandes jusque dans les villages et devient alors très-dangereux, car il est sujet à la rage, de même que le chien.

Le loup habite toute l'Europe, à l'exception des Iles-Britanniques, où il a été complétement détruit.

Le *Renard* (*Canis vulpes*, Lin.) diffère des précédents par ses yeux, dont les pupilles ont, pendant le jour, la forme allongée d'une fente verticale ; ce caractère est commun à tous les renards. Roux, la queue très-fourrée et blanche à son extrémité ; son museau est plus pointu que celui du loup.

Les renards sont rusés et doués d'une grande patience ; leur voix se nomme glapissement. Ils vivent dans les bois, s'y creusent des terriers et détruisent beaucoup de volaille et de gibier. La fourrure du renard est assez estimée ; celle de plusieurs renards exotiques est regardée comme très-précieuse.

Le *Chacal* (*Canis aureus*, Lin.) ; gris brun, les cuisses et les jambes d'un fauve clair, les oreilles marquées de roux.

Les chacals habitent les parties chaudes du globe ; ils sont très-communs aux environs d'Alger. Le jour, ils se tiennent cachés dans les broussailles, jettent de longs glapissements au coucher du soleil et passent toute la nuit à rôder à la recherche des charognes dont ils se nourrissent, et des champs de melons et de pastèques qu'ils dévastent. Ils n'attaquent point l'homme, ainsi qu'on le suppose vulgairement.

LES CIVETTES (*Viverra*, Lin.)

Ont à chaque membre cinq doigts armés d'ongles légèrement rétractiles, c'est-à-dire susceptibles de se relever dans la progression par l'effet de ligaments élastiques ; leur langue est hérissée de papilles aiguës ; près de l'anus se trouve une poche d'où suinte une matière onctueuse et odorante connue sous le nom de *civette ;* leur peau fait de bonnes fourrures.

Nous en avons une espèce dans le midi de la France, c'est :

La *Genette commune* (*Viverra genetta,* Lin.) ; grise, tachetée de noir, une raie noire le long de l'échine, le museau noirâtre, une tache blanche sous l'œil, la queue annelée de noir et de blanc. Au bord des sources et des ruisseaux. La poche, chez cet animal, est réduite à un léger enfoncement ; ses ongles sont entièrement rétractiles ; ses pupilles s'ouvrent, pendant le jour, comme celles des renards : ces caractères ont servi, dans ces derniers temps, à former le genre *Genetta*.

L'espèce célèbre chez les Orientaux pour son parfum habite les parties chaudes de l'Afrique, c'est la *Viverra genetta* des auteurs.

La troisième subdivision des digitigrades n'a point de dents tuberculeuses derrière la carnassière inférieure ; elle se compose des mammifères les plus carnassiers et ne comprend que deux genres : les hyènes et les chats.

LES HYÈNES (*Hyæna*, Briss.)

Ont les extrémités antérieures plus longues que les extrémités postérieures, quatre doigts à tous les membres, un sac glanduleux et profond sous l'anus.

Les hyènes sont des animaux nocturnes

qui se nourrissent principalement de cadavres; ils habitent les cavernes de l'Afrique et de l'Asie.

On trouve aux environs d'Alger :

L'*Hyène rayée* (*Hyæna vulgaris*, Desm.); grise, rayée irrégulièrement en travers de brun et de noirâtre; une crinière touffue sur le dos.

LES CHATS (*Felis*, Lin.)

Ont cinq doigts aux extrémités antérieures, quatre aux extrémités postérieures, tous armés d'ongles rétractiles entraînés en arrière par un ligament élastique, et cachés entre des poils touffus quand les muscles fléchisseurs des doigts se reposent. Leurs mâchoires sont courtes; leur langue est hérissée de papilles cornées; pendant le jour, l'ouverture pupillaire offre l'aspect d'une fente verticale, disposition particulière aux animaux nocturnes.

Les chats sont essentiellement carnivores;

la plupart de leurs fourrures sont très-re-
cherchées.

Principales espéces :

Le *Chat* (*Felis catus*, Lin.) ; originaire
des forêts de l'Europe ; il n'existe plus que
rarement à l'état sauvage ; la domesticité en
a multiplié les variétés presque à l'infini.
Tout le monde sait quel parti on tire du chat
pour détruire les rats et les souris. Sa voix
est appelée miaulement.

Le *Lion* (*Felis leo*, Lin.) ; d'un fauve uniforme. Le mâle se reconnaît à la crinière
qu'il porte sur le cou ainsi qu'au bouquet
noir qui termine sa queue. Très-commun aux
environs de Bone, en Afrique ; on le rencontre aussi dans les montagnes près d'Alger.
Le lion est le plus célèbre des animaux par
sa force et son courage ; le caractère de gé-
nérosité qu'on lui prête communément ne repose que sur des faits isolés qu'on ne saurait

ériger en règle. Sa voix est appelée rugissement.

Le *Tigre* (*Felis tigris*, Lin.); le pelage d'un fauve vif en dessus, d'un blanc pur en dessous, rayé partout de bandes noires transverses et irrégulières. Le tigre est le plus féroce de tous les animaux connus; il est surtout commun dans les Indes orientales, où il cause de grands ravages.

Le *Jaguar* (*Felis onça*, Lin.); fauve dessus, blanc dessous; chaque côté de son corps porte plusieurs rangées de taches noires circulaires marquées d'un point noir dans leur milieu. Des forêts de l'Amérique méridionale.

La *Panthère* (*Felis pardus*, Lin.); fauve dessus, blanc dessous, les flancs marqués de cercles incomplets, résultant de l'assemblage de cinq ou six petites taches noires. Des parties chaudes du globe.

Le *Lynx* (*Felis lynx*, Lin.) ; roux, tacheté de brun, le ventre blanc, les oreilles surmontées d'un pinceau de poils.

Cette espèce était autrefois répandue en Europe ; elle y est devenue très-rare ; les fourreurs la désignent sous le nom de *loup-cervier*.

TROISIÈME TRIBU.

LES AMPHIBIES.

Les amphibies ont les extrémités si courtes, que leur progression à terre est embarrassée ; mais la membrane qui enveloppe leurs doigts en fait d'excellents nageurs, aussi passent-ils la plus grande partie de leur vie dans la mer, et ne viennent-ils sur le rivage que pour se chauffer au soleil et allaiter leurs petits ; leur corps est allongé et couvert d'un poil ras et serré contre la peau ; tous leurs membres ont cinq doigts.

La tribu des amphibies renferme deux genres : les phoques et les morses.

LES PHOQUES (*Phoca*, Lin.)

Ont, à chaque mâchoire, deux laniaires entre lesquelles viennent se placer des incisives en nombre variable. Ils se nourrissent de poissons. Quand ils plongent, leurs narines se ferment par des muscles constricteurs spéciaux.

Nous en avons plusieurs espèces sur nos côtes, tels sont entre autres :

Le *Phoque veau-marin* (*Phoca vitulina*, Lin.); gris-jaunâtre, tacheté de brunâtre; sa peau, ainsi que celle des autres espèces, est susceptible d'être travaillée.

Le *Phoque marbré* (*Phoca discolor*); le pelage gris foncé, veiné de lignes blanches irrégulières formant une sorte de marbrure sur le dos et sur les flancs. Ces deux espèces font partie du sous-genre *Calocéphale* établi par M. F. Cuvier.

LES MORSES (*Trichechus*, Lin.)

Ressemblent aux phoques pour la forme générale de leur corps, mais ils en diffèrent par leur mâchoire inférieure privée d'incisives et de laniaires, et si étroite, qu'elle est logée entre deux énormes dents laniaires enchâssées dans la mâchoire supérieure et dirigées en bas.

On n'en connaît qu'une seule espèce, c'est :

Le *Morse cheval-marin* (*Trichechus rosmarus*, Gmelin); le pelage roussâtre. L'huile qu'on en retire est vendue mêlée avec l'huile de baleine; sa peau, tannée, fournit de bonnes soupentes aux carosses; ses dents, travaillées, remplacent l'ivoire grenu.

4e ORDRE DES MAMMIFÈRES.

LES MARSUPIAUX.

Les marsupiaux ont emprunté le nom qui les distingue de la poche contractile ordinairement suspendue à la partie inférieure de leur abdomen. Cette poche ne se rencontre pas dans toutes les espèces ; nettement prononcée chez les femelles, nulle ou rudimentaire chez les mâles, elle est formée surtout aux dépens de la peau. Elle constitue une sorte de gibecière rendue mobile par de larges muscles que renferment ses parois, et soutenue par deux os particuliers nommés *os marsupiaux.*

Les marsupiaux sont encore appelés *didel-*

phes ; ce nom significatif leur a été donné par Linnæus pour exprimer l'usage protecteur de la bourse abdominale.

Les petits quittent prématurément l'utérus de leur mère, et sont alors débiles ; semblables aux produits ébauchés d'un avortement, ils vivent nécessairement sous la protection immédiate de leur mère, et réclament d'elle une surveillance continue au delà du terme commun. On ne sait pas comment, après avoir quitté l'utérus, ils parviennent aux mamelles qui doivent les nourrir à cette époque ; quoi qu'il en soit, il est certain qu'on les rencontre suspendus aux mamelles de leur mère, et qu'ils y restent fixés jusqu'à ce qu'ils aient obtenu le même développement relatif que les autres mammifères possèdent à leur naissance.

Le genre *Didelphis,* originairement fondé par Linnæus, est composé de plusieurs tribus. L'établissement de ces groupes repose sur la considération principale du système dentaire.

La première tribu renferme les espèces qui ont à chaque mâchoire deux laniaires bien prononcées ; le nombre de leurs incisives varie ; leurs molaires, hérissées de pointes, les rapprochent à cet égard des carnassiers insectivores : ils ont le même régime que ces animaux.

A cette tribu appartiennent les sarigues, les dasyures et les péramèles.

LES SARIGUES (*Didelphis*, Lin.)

Ont dix incisives en haut et huit en bas ; chaque mâchoire porte quatorze molaires ; leur langue est hérissée de papilles ; leur queue, en partie nue, est prenante ; le pouce des extrémités supérieures dépasse les autres doigts et leur est opposable, il manque d'ongle ; tous ont la bouche très-fendue ; leurs oreilles sont grandes et dépourvues de poils.

Les sarigues sont des animaux nocturnes

propres à l'Amérique ; ils nichent sur les arbres et y poursuivent leur proie.

Principales espèces :

Le *Sarigue opossum* (*Didelphis opossum*, Lin.); brun dessus, jaune dessous; ses yeux sont surmontés d'une tache blanche, d'où lui vient le nom de *quatre œil* sous lequel on le désigne à la Guyane.

Le *Touan* (*Didelphis tricolor*, Geoff.); le dos noirâtre, les flancs d'un roux vif, le ventre blanc.

Dans cette espèce, un repli cutané rudimentaire remplace de chaque côté du ventre la poche marsupiale; la femelle porte ses petits sur son dos; ils s'y maintiennent en entortillant leur queue autour de celle de leur mère.

LES DASYURES (*Dasyurus*, Geoff.)

Ont huit incisives en haut et six en bas;

chaque mâchoire porte douze molaires, ce qui élève le nombre total de leurs dents à quarante-deux ; leurs oreilles, plus courtes que celles des sarigues, sont velues ; leur queue, revêtue de poils dans toute son étendue, n'est pas prenante ; le pouce des extrémités postérieures est réduit à un simple tubercule.

LES ÉRAMÈLES (*Perameles*, Geoff.)

Ont le pouce des extrémités postérieures presque rudimentaire ; les deux doigts qui le suivent sont réunis sous la peau jusqu'aux ongles ; le pouce et le petit doigt des extrémités supérieures sont figurés par de simples tubercules ; les autres doigts sont armés d'ongles robustes propres à fouir ; la mâchoire supérieure porte dix incisives, la mâchoire inférieure n'en a que six ; le nombre des molaires est le même que dans les sarigues.

Les dasyures et les péramèles sont particuliers à la Nouvelle-Hollande.

La seconde tribu n'a de laniaires bien prononcées qu'à la mâchoire supérieure ; encore, dans certains genres, ces dents sont-elles presque rudimentaires ; les laniaires inférieures sont si peu développées, qu'elles demeurent le plus souvent cachées sous la peau ; les incisives de la mâchoire inférieure sont généralement au nombre de deux : elles manquent quelquefois.

Cette tribu renferme, entre autres genres, les phalangers et les potoroos : ces animaux se nourrissent surtout de fruits.

LES PHALANGERS (*Phalangista*, Cuv.)

Sont caractérisés par leur pouce allongé, dépourvu d'ongle, et tellement séparé des autres doigts, qu'il paraît être dirigé en arrière comme celui des oiseaux ; l'index et le médius sont réunis sous la peau jusqu'à la dernière phalange ; leur queue est prenante.

Les phalangers peuvent être divisés en plusieurs groupes ; en effet, les uns ont la queue en partie couverte d'écailles, tel est le *Phalanger tacheté* (*Phalangista maculata*, Tem.) ; le pelage blanchâtre, irrégulièrement tacheté de brun.

Les autres ont la queue entièrement velue, tel est le *Phalanger renard* (*Phalangista vulpina*, Tem.) ; le pelage cotonneux, brunâtre en dessus, blanc en dessous.

Les espèces chez lesquelles la peau des flancs s'étend entre les membres, de manière à former une sorte de parachute, ont reçu le nom particulier de *phalangers volants* : elles constituent le genre *Petaurus* de Shaw.

LES POTOROOS (*Hypsiprymnus*, Illig.)

Diffèrent des phalangers par l'absence de pouces aux extrémités postérieures, et par la mâchoire inférieure privée de lanières ; leurs membres postérieurs sont plus développés que leurs membres antérieurs; leur estomac est bilobé.

On n'en connaît qu'une seule espèce, c'est :

Le *Potoroo-White* (*Potoroo-White*, Quoy et Gaymard); gris-rougeâtre en dessus, blanchâtre en dessous, la queue terminée par un bouquet de poils. De la Nouvelle-Hollande.

Les marsupiaux de la troisième tribu n'ont point de laniaires; à cette division appartiennent les kanguroos et les phascolomes : ces animaux sont herbivores.

LES KANGUROOS (*Macropus*, Schaw.)

Ont presque tous les caractères des potoroos ; ils en diffèrent par l'absence de laniaires, par leurs molaires, à saillies transverses et par leur doigt médius armé d'un ongle très-long aux membres postérieurs. Leur queue leur sert d'appui dans la station assise ; elle se débande comme un arc lorsque ces animaux s'élancent par bonds.

L'espèce la plus remarquable de ce genre est :

Le *Kanguroo géant* (*Macropus major,* Schaw) ; son pelage est gris, d'une teinte presque uniforme. De la Nouvelle-Hollande.

LES PHASCOLOMES (*Phascolomys,* Geoff.)

Seraient de véritables rongeurs si l'on ne considérait que leurs dents et leurs intestins ; mais leurs organes reproducteurs, leur poche ventrale et leur mâchoire inférieure articulée comme celles des carnassiers, les rattachent aux marsupiaux : aussi établissent-ils une transition naturelle entre l'ordre des carnassiers et celui des rongeurs.

Les phascolomes sont des animaux à démarche lente, à tête grosse et déprimée ; leurs membres antérieurs sont armés de cinq ongles ;

leurs membres postérieurs en ont quatre : le pouce de ces derniers est figuré par un simple tubercule ; ils manquent de queue.

On n'en connaît qu'une seule espèce, c'est :

Le *Wombat* (*Phascolomys Wombat*, Péron et Lesueur) ; le pelage d'un brun jaunâtre. De la Nouvelle-Hollande.

5ᵉ ORDRE DES MAMMIFÈRES.

LES RONGEURS.

—

Les rongeurs sont des mammifères onguiculés dont chaque mâchoire, privée de laniaires, porte généralement deux longues incisives séparées des molaires par un espace vide. Ces animaux ne peuvent déchirer leu substances variées qui leur servent de nourriture ; ils rongent, ils liment, pour ainsi dire, leurs aliments : travail qui est singulièrement favorisé par la disposition et le jeu de la mâchoire inférieure. Celle-ci, en effet, s'articule par un condyle longitudinal reçu dans une cavité correspondante, et tellement conformé, que les mouvements d'arrière en avant et d'avant en arrière sont les seuls libres. Leurs incisives croissent de la racine à mesure qu'elles s'usent du tranchant, et cette disposition à croître est si grande, que si l'une d'elles vient à se perdre ou à se briser, celle qui lui était opposée, ne trouvant plus rien qui lui fasse obstacle, se développe jusqu'à ce qu'elle trouve une résistance qui l'arrête.

La forme de leurs dents molaires varie. Chez quelques-uns, ces dents sont couronnées de surfaces plates : on remarque qu'ils se nourrissent plus exclusivement de substances végétales ; chez d'autres, les molaires sont relevées de tubercules mousses, et dans ce cas, ces rongeurs sont omnivores; un petit nombre seulement ont les molaires hérissées de pointes : ceux-ci ont un penchant marqué pour la chair.

La forme générale du corps des rongeurs est telle, que le train de derrière est toujours plus fort que celui de devant, en sorte qu'ils sautent plutôt qu'ils ne marchent; leurs yeux sont tout à fait latéraux ; leurs intestins sont très-longs ; leur cœcum est souvent plus volumineux que l'estomac; tous sont remarquables par leur extrème fécondité ; quelques-uns hibernent pendant la saison rigoureuse.

L'ordre des rongeurs comprend un grand nombre de genres que l'on peut répartir en deux tribus, d'après la considération des clavicules.

La première tribu renferme les genres chez lesquels les clavicules sont prononcées; tels sont, entre autres : les écureuils, les

marmottes, les loirs, les rats, les campagnols et les castors.

LES ÉCUREUILS (*Sciurus*, Lin.)

Ont les incisives inférieures très-compri-
mées et la queue longue et bien fourrée. Les
extrémités supérieures ont quatre doigts ; les
extrémités postérieures en ont cinq : le pouce
des premières est souvent rudimentaire.

Les écureuils sont des animaux vifs et légers qui passent généralement leur vie sur
les arbres. G. Cuvier les divise en plusieurs
sous-genres, dont les principaux sont les écureuils proprement dits et les polatouches.

LES ÉCUREUILS PROPREMENT DITS
(*Sciurus*, Cuv.)

Ont les poils de la queue dirigés sur les
côtés, comme les barbes d'une plume.

Nous en avons une espèce très-commune
dans certaines forêts, c'est :

L'*Écureuil ordinaire* (*Sciurus vulgaris*, Lin.); le dos d'un roux vif, le ventre blanc, les oreilles terminées par un bouquet de poil.

Cette espèce fixe son nid sur des branches fourchues, et le recouvre d'un dôme destiné à le préserver de la pluie.

Les écureuils des contrées septentrionales deviennent, pendant l'hiver, d'un beau cendré-bleuâtre sur le dos, et fournissent alors les fourrures connues sous le nom de *petit-gris*.

Les espèces d'Amérique n'ont pas de pinceaux aux oreilles.

LES POLATOUCHES (*Pteromys*, Cuv.)

Sont caractérisés par la peau de leurs flancs qui s'étend entre leurs membres, et forme ainsi une sorte de parachute. Tous sont étrangers à la France.

LES MARMOTTES (*Arctomys*, Gmel.)

Ont les incisives pointues et les molaires tuberculeuses ; leur tête est longue et déprimée ; tous leurs membres ont cinq doigts : le pouce des extrémités thoraciques est réduit à un seul tubercule, comme dans les écureuils.

Les marmottes sont des animaux à démarche lente, à corps trapu, porté sur des jambes très-basses et terminé par une queue courte. Elles vivent en société et passent l'hiver en léthargie dans des trous profonds dont elles ferment l'entrée par un amas de foin.

Principale espèce :

La *Marmotte des Alpes* (*Arctomys marmotta*, Gmel.) ; le pelage gris-jaunâtre avec des teintes cendrées vers la tête, la queue noirâtre en dessus. Elle habite les hautes montagnes de l'Europe et de l'Asie, immédiatement au-dessous des neiges perpétuelles.

Les espèces qui ont des abajoues forment le genre *Spermophile* de M. Frédéric Cuvier ; elles sont généralement plus agiles que les marmottes proprement dites.

LES LOIRS (*Myoxus*, Gmel.)

Ont à chaque mâchoire huit molaires, dont la couronne est divisée par des anfractuosités linéaires ; aucun d'eux n'a de cœcum.

Les loirs sont de petits animaux à poil doux, à queue longue et touffue ; ils se nourrissent de fruits ; dans les climats tempérés ils s'engourdissent pendant l'hiver.

La France en possède plusieurs espèces, savoir :

Le *Loir* (*Myoxus glis*, Gmel.) ; gris-brun dessus, blanchâtre dessous, du brun foncé autour de l'œil ; la queue garnie de longs poils.

Le loir habite les forêts et les montagnes boisées.

Le *Lérot* (*Myoxus nitela*, Gmel.); un peu plus petit que le précédent; brun dessus, blanchâtre dessous, l'œil entouré par une bande noire, qui va s'élargissant jusque derrière l'oreille; la queue terminée par un bouquet de poils.

Le lérot, désigné improprement sous le nom de loir, habite les jardins. Il se niche dans les trous des murailles, court sur les arbres en espalier, attaque surtout les pêches, choisit les plus beaux fruits, et les entame dans le temps qu'ils commencent à mûrir.

Le *Muscardin* (*Myoxus muscardinus*, Gmel.); roux-clair dessus, blanc dessous; la queue revêtue de poils distiques, c'est-à-dire dirigés sur les côtés comme les barbes d'une plume. Dans les bois.

LES RATS (*Mus*, Cuv.)

Sont caractérisés par leur queue longue, couverte d'écailles régulièrement disposées et mêlées de poils rares; leurs mâchoires portent chacune six molaires à couronnes tuberculeuses.

Nous en avons plusieurs espèces; les plus répandues sont :

Le *Rat* (*Mus rattus*, Lin.); le pelage noirâtre. On croit qu'il s'est introduit en Europe vers le moyen âge.

Le *Surmulot* (*Mus decumanus*, Pallas); le pelage brun-roussâtre. Cette espèce n'est arrivée en Europe que dans le xviiie siècle; elle est devenue plus commune que le rat dans certaines localités, notamment à Paris.

La *Souris* (*Mus musculus*, Lin.); d'un gris uniforme en dessus, d'un cendré clair en dessous. Les variétés à pelage blanc sont assez rares.

La souris, d'après la remarque d'Erxleben, est la seule espéce du genre qui ait le pouce des membres antérieurs privé d'ongle.

Le *Mulot* (*Mus sylvaticus*, Lin.) ; le pelage d'un gris-roux supérieurement, blanchâtre inférieurement.

Le mulot habite les bois, les champs, les jardins.

Toutes ces espèces sont extrêmement nuisibles par les dégâts qu'elles causent. On parviendrait à s'en débarrasser aisément en faisant usage du moyen recommandé par M. le baron Thénard. On introduit dans une cornue quatre parties de limaille de fer, trois parties de fleur de soufre, et on les étend de huit parties d'eau. Lorsque le mélange prend l'aspect d'une bouillie, on y verse de l'acide sulfurique ; il se forme alors un gaz, nommé *gaz sulfhydrique*, qui tue à l'instant les animaux qui le respirent. On fait passer dans l'un des conduits souterrains, après y avoir établi un courant d'air, la cornue, dont le col est muni d'un tube recourbé; bientôt le gaz se dégage par torrents, et les animaux asphyxiés viennent expirer à la surface du sol. Ce procédé est applicable à tous les animaux qui se terrent.

LES CAMPAGNOLS (*Arvicola*, Lacépède)

Ont à chaque mâchoire six molaires dépourvues de racines, et formées de prismes triangulaires placés alternativement sur deux lignes.

G. Cuvier les partage en plusieurs sous-genres, dont un seul, les campagnols proprement dits, existe en France.

LES CAMPAGNOLS PROPREMENT DITS (*Arvicola*, Cuv.),

Caractérisés par leur queue cylindrique et velue, égalant presque la longueur du corps.

Nous en avons plusieurs espèces ; les mieux connues sont :

Le *Rat d'eau* (*Arvicola amphibius*, Desm.) ; un peu plus grand que le rat ; le pelage brun-roussâtre. Il habite au bord des eaux et se nourrit de poissons et de racines.

Le *Campagnol vulgaire* (*Arvicola vulgaris*, Desm.) ; cendré-roussâtre dessus, gris pâle dessous. Il habite les champs cultivés, s'y creuse des trous qu'il remplit de grains pour l'hiver, et cause quelquefois de grands ravages par son extrême fécondité. Dans certains pays, on le désigne improprement sous le nom de *mulot*.

LES CASTORS (*Fiber*, Lin.)

Se distinguent de tous les rongeurs par leur queue ovalaire, aplatie horizontalement et couverte d'écailles irrégulières. Tous leurs membres ont cinq doigts ; ceux des extrémités postérieures sont réunis par des membranes.

Les castors sont des animaux aquatiques qui vivent surtout d'écorces ; certaines parties glanduleuses de leur corps exsudent une pommade odorante dont la médecine fait usage sous le nom de *castoreum*.

L'espèce la plus célèbre est :

Le *Castor du Canada* (*Castor fiber*, Lin.) ; le pelage d'un brun-roussâtre uniforme.

Les castors du Canada s'établissent au bord des fleuves solitaires de l'Amérique septentrionale ; ils élèvent des digues pour maintenir l'eau à une égale hauteur, et travaillent en société à la construction de leurs cabanes. Chaque hutte sert à plusieurs familles ; elle se compose de deux étages : l'un inférieur, caché sous l'eau et renfermant les provisions ; l'autre supérieur, toujours à sec et formant le lieu d'habitation dans la saison d'hiver. Pendant l'été, les castors vivent dispersés au milieu des bois : leur fourrure sert à fabriquer d'excellents feutres.

Les castors d'Europe, semblables d'ailleurs aux castors du Canada, vivent constamment isolés au bord des grands fleuves, tels que le Rhône, le Danube, le Weser; tous sont devenus très-rares; aucun d'eux ne construit de cabanes, probablement à cause du voisinage des hommes.

La seconde tribu comprend les genres dont les clavicules sont rudimentaires; tels sont les porcs-épics et les lièvres.

LES PORCS-ÉPICS (*Hystrix*, Lin.)

Ont la partie supérieure du corps armée de poils roides nommés piquants et la langue hérissée d'écailles épineuses. Les armes extérieures qui les défendent, leur voix grognante et leur museau gros et tronqué, semblable à celui du porc, leur ont fait donner le nom sous lequel on les désigne. Les porcs-épics vivent dans des terriers. Lorsqu'on les attaque, leurs piquants se dressent à l'aide de petits muscles spéciaux ; mais ces animaux ne les projettent pas ainsi qu'on le suppose : leurs piquants ne se détachent que par suite de vieillesse ou d'accident.

Il en existe une espèce dans le midi de l'Espagne et de l'Italie, c'est :

Le *Porc-épic commun* (*Hystrix cristata*, Lin.*) ; le front très-bombé, les piquants très-longs, annelés de noir et de blanc ; la tête et la nuque ornées d'une longue crinière soyeuse ; la queue courte et garnie de tuyaux vides et tronqués, suspendus à de minces pédicules qui résonnent lorsque l'animal les secoue. On le trouve aussi aux environs d'Alger.

LES LIÈVRES (*Lepus*, Lin.*)

Sont les seuls animaux parmi les rongeurs qui aient à la mâchoire supérieure quatre incisives ; ces dents sont disposées de telle sorte, que les antérieures recouvrent celles qui les suivent : ces dernières sont très-petites. Les extrémités supérieures ont cinq doigts, les extrémités inférieures en ont quatre ; le cœcum est cinq ou six fois plus volumineux que l'estomac. On les divise en lièvres proprement dits et en lagomys.

LES LIÈVRES PROPREMENT DITS (*Lepus*, Cuv.)

Ont les oreilles longues, la queue courte et les membres postérieurs plus longs que ceux de devant.

Nous en avons deux espèces, savoir :

Le *Lièvre commun* (*Lepus timidus*, Lin.) ; la partie supérieure du corps gris - fauve, nuancé de brun, le ventre blanc, les oreilles plus longues que la tête, noires à l'extrémité ; la queue blanche en dessous avec une bande noire en dessus.

Le lièvre vit solitaire ; il habite les bois et principalement les plaines, gîte sur la terre et dort pendant le jour.

Sa fourrure est employée dans les arts,

dans la chapellerie surtout. Le lièvre mâle se nomme *bouquin*, la femelle est appelée *hase*.

Le *Lapin* (*Lepus cuniculus*, Lin.); les oreilles plus courtes que la tête; le pelage gris, teinté de fauve, une plaque rousse sur la nuque; la gorge et le ventre blanchâtres; la queue blanche en dessous, noirâtre en dessus.

Le lapin vit en troupes au fond des terriers qu'il creuse dans les terrains secs. Réduit en domesticité, il multiplie extrêmement, et prend des poils de couleur et de consistance variées. Sa fourrure est employée dans le feutrage.

LES LAGOMYS (*Lagomys*, Cuv.)

Ont le même appareil dentaire que les lièvres; mais ils n'ont point de queue, et leurs membres ont tous à peu près la même longueur; ils diffèrent encore des lièvres proprement dits par leurs oreilles plus courtes et par leurs clavicules assez développées.

Toutes les espèces de ce genre habitent la Sibérie.

C'est au genre *Cobaye* (*Anœma*, Fréd. Cuv.), voisin du genre lièvre, qu'il faut rapporter l'animal domestique connu en France sous le nom de *Cochon d'Inde* (*Anœma cobaia*). Il n'est remarquable que par son excessive fécondité.

Au genre *Callomys* appartient l'espèce connue sous le nom de *Chinchilla*; son pelage gris-perlé, nuancé de blanc et de noirâtre, est très-recherché dans le commerce comme fourrure.

6e ORDRE DES MAMMIFÈRES.

LES ÉDENTÉS.

—

Les édentés sont des mammifères onguiculés qui manquent tous de dents incisives, à l'exception du genre tatou ; leurs doigts sont terminés par de gros ongles semblables à des sabots. Ce sont des animaux généralement remarquables par leur excessive lenteur ; la plupart se creusent des terriers, et ne sortent que la nuit pour chercher leur nourriture. Ils forment trois tribus : les brévirostres, les longirostres et les monotrèmes.

—

PREMIÈRE TRIBU.

LES BRÉVIROSTRES

Sont caractérisés par leur museau court. On n'en connaît qu'un seul genre, celui des paresseux.

LES PARESSEUX (*Bradypus,* Lin.)

Ont les molaires cylindriques, les laniaires aiguës, plus longues que les molaires elles-mêmes ; leur estomac est divisé en quatre lobes ; leurs doigts, accolés et réunis sous la peau, ne se montrent au dehors que par de gros ongles comprimés et crochus ; leurs membres antérieurs sont beaucoup plus longs que leurs membres postérieurs : ils ne marchent qu'en se traînant sur les coudes.

Les paresseux sont des animaux couverts d'un poil rude et cassant ; toutes les espèces connues se nourrissent de végétaux ; elles appartiennent aux contrées chaudes de l'Amérique.

—

DEUXIÈME TRIBU.

LES LONGIROSTRES

Ont le museau pointu.

Les uns, ainsi que l'a découvert M. Fréd. Cuvier, sont pourvus d'incisives et de mâcheliéres ; tels sont :

LES TATOUS (*Dasypus*, Lin.),

Caractérisés par leur test dur, écailleux,

composé de pièces nombreuses, qui servent de boucliers protecteurs au front, aux épaules et à la croupe ; les parties intermédiaires de leur corps sont préservées par des bandes crustacées, mobiles les unes à l'égard des autres : ces bandes limitent les mouvements du corps dans un sens déterminé.

Les tatous sont particuliers à l'Amérique.

Les autres n'ont point de dents ; leur langue est allongée, visqueuse, extensible ; leurs téguments sont épais. On en connaît deux genres : les fourmiliers et les pangolins.

LES FOURMILIERS (*Myrmecophaga*, Lin.)

Sont des animaux très-velus, dont le museau est terminé par un orifice buccal rétréci.

LES PANGOLINS (*Manis*, Lin.)

Se reconnaissent aux écailles imbriquées qui recouvrent leur corps ; ces écailles remplacent les poils ; elles sont grosses, tranchantes, et se redressent lorsque l'animal se roule en boule.

Les fourmiliers et les pangolins sont étrangers à l'Europe : ces animaux vivent d'insectes, et surtout de fourmis.

—

TROISIÈME TRIBU.

LES MONOTRÈMES.

Chez les monotrèmes, l'anus donne passage aux produits de la génération et aux matières excrémentitielles ; l'intestin rectum, dilaté, se termine par un véritable cloaque ; les apophyses coracoïdes, séparées des omoplates, convergent l'une vers l'autre, et représentent l'os furculaire des oiseaux ; un os marsupial existe de chaque côté du pubis ; les membres sont munis de cinq ongles ; les extrémités postérieures sont armées, chez les mâles, d'un ergot vigoureux ; cet ergot, de substance cornée, revêt le canal excréteur d'une glande située entre les muscles de la cuisse ; l'oreille externe manque ; les yeux sont très-petits.

Les monotrèmes sont des animaux particuliers à la Nouvelle-Hollande ; leur place dans la série zoologique n'est point définitivement fixée. L'existence encore problématique des mamelles, et les doutes élevés sur le produit de la génération, les ont fait considérer tantôt comme vivipares, tantôt comme ovipares : mieux connus, ces animaux formeront sans doute une classe intermédiaire aux mammifères et aux oiseaux.

G. Cuvier les divise en deux genres : les Échidnés et les Ornithorhynques.

LES ÉCHIDNÉS (*Echidna*, Cuv.)

Ont la partie supérieure du corps revêtue d'épines, de même que les hérissons ; comme eux, aussi, ils jouissent de la faculté de se rouler en boule ; leur museau étroit et allongé ferme une langue extensible ; leur palais est couvert d'épines dirigées en arrière. Ils vivent d'insectes, surtout de fourmis.

LES ORNITHORHYNQUES
(*Ornithorhynchus* , Lin.)

Se reconnaissent à leur museau allongé, élargi et très-déprimé, les bords en sont garnis de petites dentelures cornées ; leurs mâchoires sont armées, chacune, de quatre dents sans racines et à couronne quadrilatère ; leurs doigts sont réunis par de larges membranes qui débordent les ongles et s'arrondissent en palettes aux membres antérieurs, et s'arrêtent à l'extrémité des doigts aux membres postérieurs ; leur queue est courte, large et aplatie.

On n'en connaît qu'une seule espèce, c'est :

L'*Ornithorhynque paradoxal* (*Ornithorhynchus paradoxus*, Blumenbach) ; le pelage court et soyeux, de couleur brunâtre. Il habite les rivières et les marais de la Nouvelle-Hollande.

7ᵉ ORDRE DES MAMMIFÈRES.

LES PACHYDERMES.

—

Les pachydermes sont des mammifères à peau très-épaisse, garnie de poils rares chez le plus grand nombre ; ils manquent de clavicules ; l'extrémité de leurs doigts, toujours enveloppée de sabots, ne peut leur servir d'organe de préhension ; ils ont en général le port très-lourd ; tous se nourrissent de matières végétales.

L'ordre des pachydermes se divise en trois

familles, savoir : les pachydermes proboscidiens, les pachydermes ordinaires, et les pachydermes solipèdes.

Première famille.

Les Pachydermes proboscidiens

Sont caractérisés par une trompe cylin-
droïde, allongée, dans laquelle se continuent
les fosses et la cloison nasales. Cet organe,
fourni de muscles nombreux, exerce des mouvements très-variés; un prolongement charnu,
en forme de doigt, le termine; à l'aide de cet
appendice librement opposable au rebord qui
circonscrit le bout de la trompe, les proboscidiens saisissent les matières végétales, aspi-
rent l'eau que doit recevoir la bouche, et ra-

massent les corps, même les plus beaux. Cette trompe n'est d'aucun usage au jeune proboscidien pour téter sa mère, c'est avec la bouche qu'il exprime le lait contenu dans les mamelles. Les pachydermes proboscidiens manquent d'incisives à la mâchoire inférieure; la mâchoire supérieure, seule, porte deux dents qui font saillie hors de la bouche et qu'on appelle *défenses*; leurs membres ont cinq doigts bien complets dans le squelette; mais chez l'animal vivant, ces doigts cachés dans la peau calleuse du pied ne sont visibles au dehors que par les ongles qui les terminent.

A cette famille appartient le genre éléphant (*Elephas*, Lin.), reconnaissable à ses molaires composées d'un certain nombre de lames verticales osseuses, revêtues d'émail extérieurement et liées entre elles par une matière appelée *corticale*; ces dents se succèdent d'arrière en avant, de sorte que celle qui s'use est poussée en avant par la dent qui la suit.

Les éléphants sont remarquables par l'adresse avec laquelle ils se servent de leur trompe : cet organe leur tient lieu de mains pour se défendre et pour saisir les corps. Les éléphants vivent en troupes sous la conduite de vieux mâles; leurs défenses, qui pèsent jusqu'à trois cent vingt-cinq livres chez quelques individus, fournissent l'*ivoire*. Les anciens employaient ces animaux pour porter les bagages de l'armée et pour enfoncer les bataillons ennemis ; l'espèce des Indes sert encore aujourd'hui de bête de somme chez les Orientaux. On nomme *cornacs* les conducteurs d'éléphants.

L'espèce la plus anciennement connue est :

L'*Eléphant des Indes* (*Elephas Indicus,* Cuv.) ; la tête oblongue, les oreilles petites.

Deuxième famille.

La seconde famille se compose des pachydermes auxquels on compte quatre, trois ou
deux doigts ; ils forment deux sections :

Ceux de la première section ont tous les
doigts en nombre pair ; tels sont : les hippopotames et les cochons.

LES HIPPOPOTAMES (*Hippopotamus*, Lin.)

Ont, à tous les membres, quatre doigts,
lesquels sont à peu près égaux et se terminent
par de petits sabots. Chaque mâchoire porte
quatre incisives, les supérieures courtes et
recourbées, les inférieures longues, pointues
et couchées en avant ; leurs laniaires, au
nombre de quatre, sont très-fortes ; celles
de la mâchoire inférieure sont courbées en
arc et viennent s'appliquer sur les laniaires

supérieures qui sont droites ; toutes sont tron-
quées obliquement à leur extrémité, par suite
du frottement qu'elles exercent l'une contre
l'autre.

Les hippopotames ont le ventre traînant
presque à terre, le museau renflé et la bouche
très-fendue ; les oreilles sont courtes, ainsi
que la queue ; ils marchent péniblement,
mais nagent avec facilité.

On n'en connaît qu'une seule espèce, c'est :

L'*Hippopotame amphibie* (*Hippopotamus
amphibius*, Lin.) ; la peau nue, de couleur
brune. Dans les grands fleuves de l'Afrique.

LES COCHONS (*Sus*, Lin.)

Ont quatre doigts à tous les membres ; les
deux doigts mitoyens sont grands et revêtus
de forts sabots ; les deux doigts latéraux et
postérieurs sont beaucoup plus courts et ne

touchent point à terre. Chaque mâchoire est armée sur les côtés de deux laniaires qui font saillie hors de la bouche et se recourbent vers le haut, de manière à servir de défenses. Le nombre des incisives varie; celles de la mâchoire inférieure sont toujours couchées en avant. La partie nasale de leur museau, tronquée et mobile, se nomme *boutoir*; on l'appelle vulgairement groin; leur corps est revêtu de poils roides nommés *soies*.

Les cochons habitent les forêts et causent de grands dégâts en déterrant avec leur boutoir les racines dont ils se nourrissent. D'après la considération des dents, G. Cuvier les divise en cochons proprement dits, en phacochœres et en pécaris ou dicotyles : le premier de ces genres appartient à l'Europe, les deux autres habitent les contrées méridionales du globe.

LES COCHONS PROPREMENT DITS (*Sus*, Cuv.)

Ont six incisives et quatorze molaires à chaque mâchoire.

Nous en avons une espèce, c'est

Le *Sanglier ordinaire (Sus scrofa*, Lin.*)*, les défenses triangulaires et dirigées en dehors; les oreilles droites, le corps trapu, le poil hérissé et noirâtre. La femelle se nomme *laie;* ses petits, appelés *marcassins,* sont rayés de blanc et de noir; leur pelage se nomme *livrée.* Dans les grandes forêts de la France. Cette espèce est très-commune aux environs d'Alger.

C'est du sanglier ordinaire que proviennent le cochon domestique et ses nombreuses variétés. Tout le monde sait quelles ressources on tire du porc et avec quelle facilité on l'élève.

Les races qui s'engraissent avec le plus de profit pour le cultivateur, sont généralement de taille moyenne; elles ont le dos et les reins larges, les jambes courtes, la tête petite et le ventre pendant.

La femelle ou *truie* porte deux fois par an, et chaque portée est ordinairement de six ou huit petits. Trois semaines avant le part, on doit mettre la truie dans une loge séparée et pourvue d'une bonne litière, et lui donner une nourriture composée d'eaux blanches, de son, de petit lait : des truies mal nourries, surtout lorsqu'elles mettent bas pour la première fois, dévorent quelquefois leurs petits. Dès que ceux-ci sont nés, il faut avoir soin de les tenir chaudement et de bien nourrir la mère, afin qu'elle ait beaucoup de lait ; on laisse les cochons téter pendant quatre ou cinq semaines, puis on les sèvre. En général le sevrage s'opère sans difficultés ; les cochonnets se font aisément aux aliments qu'on donne à la mère ; il est bon cependant de ne pas les faire passer trop tôt au régime des animaux adultes, car leur développement pourrait en souffrir. Lorsque le temps est beau, il faut faire sortir alternativement la truie sans les petits, et ces derniers sans la mère ; de cette manière ils s'accoutument insensiblement à se passer les uns des autres : on arriverait au même résultat en ménageant autour des toits à porc un certain espace en forme de cour, où les animaux pourraient vaguer à leur gré. C'est, du reste, la meilleure disposition que l'on puisse adopter pour l'élève des jeunes cochons.

Les cochons destinés à l'engraissement doivent être châtrés à l'âge d'un mois ou de six semaines. Quelques heures avant l'opération, on les met à la diète ; après la castration, on les laisse en repos jusqu'à ce qu'ils soient bien guéris ; pendant leur croissance, on doit les envoyer une ou deux fois par jour dans les champs, afin qu'ils s'allongent et prennent de la taille ; la nourriture à l'étable avec des fourrages verts, tels que vesces, trèfle et luzerne, est celle qui leur convient le mieux.

L'engraissement ne doit avoir lieu que lorsque les animaux ont atteint la plus grande partie de leur développement : quinze à dix-huit mois suffisent pour cela lorsque la race est bonne et que les cochons ont été bien nourris. L'automne et l'hiver sont les saisons les plus favorables pour l'engraissement. Dans les commencements, les résidus de brasserie et de distillerie, donnés tièdes, sont excellents pour préparer l'animal à prendre graisse ; on peut aussi, à cette époque, se contenter de lui donner des pommes de terre cuites ; mais lorsqu'il est parvenu à un certain degré d'embonpoint, il est nécessaire d'ajouter à sa ration du grain moulu ou de la farine d'orge délayée dans de l'eau : cette dernière nourriture, ainsi que le maïs, contribue particulièrement à donner une chair ferme aux cochons. Il est bien entendu que les heures de repas doivent être régulièrement observées.

Les cochons sont très-voraces et se nourrissent indistinctement de matières animales et végétales. Ils recherchent les lieux frais, et, par suite, aiment à se vautrer dans la fange ; cependant, s'ils ne sont entretenus dans un état constant de propreté, ils deviennent sujets à certaines maladies de la peau qui les font dépérir en peu de temps. Le même défaut de soins occasionne chez eux une maladie grave appelée *ladrerie* qui les déprécie considérablement : ce cas, prévu par les règlements de police, est puni d'une amende et constitue l'un des vices rédhibitoires qui peuvent faire résilier la vente de l'animal. Dans certains départements de la France, on met à profit l'odorat et l'instinct des cochons pour découvrir et récolter les truffes.

La seconde division des pachydermes ordinaires se compose des individus dont les membres sont pourvus en tout ou en partie de doigts impairs; tels sont, entre autres genres,

LES RHINOCÉROS *(Rhinoceros, Lin.)*,

Caractérisés par leur museau surmonté de cornes; tous leurs membres ont trois doigts.

Les rhinocéros habitent particulièrement les lieux humides. Principales espèces :

Le *Rhinocéros des Indes (Rhinoceros indi-*

cus, Cuv.); une seule corne ; la peau sillonnée par des plis profonds et transverses derrière les épaules et les cuisses.

Le *Rhinocéros d'Afrique* (*Rhinoceros Africanus,* Cuv.); deux cornes, dont la postérieure plus petite. Les mâchoires de cette espèce sont dépourvues d'incisives.

Troisième famille.

—

Les Pachydermes solipèdes.

La famille des pachydermes solipèdes correspond au genre *Equus* de Linnæus; G. Cuvier n'admet dans cette famille que le genre cheval ; les caractères qu'il lui assigne, étant communs à la famille et au genre, nous ont paru devoir être réunis.

Dans les pachydermes solipèdes, le squelette du pied est formé par un seul os, nommé *canon*, revêtu à son extrémité par un sabot épais. De chaque côté du canon, sous la peau, sont placés deux appendices osseux que certains anatomistes regardent comme les analogues des doigts ; les molaires sont séparées par un espace vide ; chaque mâchoire porte six incisives et douze molaires à couronne carrée ; les mâles ont, en outre, à la mâchoire supérieure, deux petites laniaires qui existent aussi quelquefois à la mâchoire inférieure ; ces laniaires manquent presque toujours chez les femelles ; les mamelles sont inguinales.

Les animaux de cette famille sont les seuls pachydermes dont le port ne soit pas lourd ; leur course est très-rapide.

Principales espèces :

Le *Cheval* (*Equus caballus*, Lin.) ; la queue couverte dans toute sa longueur de longs poils nommés *crins* ; les oreilles courtes.

La souche primitive du cheval sauvage n'existe plus, elle a été complétement réduite en domesticité; les individus que l'on rencontre à l'état de nature, vivant en troupes sous la conduite d'un vieux mâle dans les steppes de la Tartarie et dans les savanes de l'Amérique, proviennent tous de chevaux domestiques.

Les variétés du cheval sont très – nombreuses; les plus sveltes et les plus légers à la course sont les chevaux arabes, qui, par leur croisement avec les chevaux espagnols, ont produit la race anglaise; les plus robustes viennent des parties tempérées de l'Europe. La France en possède plusieurs races estimées, savoir : la *race limousine*, qui fournit d'excellents chevaux de selle; les races *normande* et *bretonne*, employées généralement comme chevaux de trait; et les races *boulonnaise* et *picarde*, affectées aux travaux de l'agriculture.

L'âge du cheval se reconnaît aux dents

incisives. Les dents de lait commencent à pousser quinze jours après la naissance de l'animal ; à deux ans et demi, les deux dents du milieu, les *pinces*, tombent et sont remplacées par deux dents plus larges ; les deux dents *mitoyennes* qui viennent ensuite sont remplacées à trois ans et demi ou quatre ans ; les deux incisives extrêmes le sont à quatre ans et demi ou cinq ans. Toutes ces dents, à couronne d'abord creuse, perdent peu à peu par la détrition leur fossette nommée *fève* ; à six ans, les pinces sont *rasées* ; à sept ans, la fève a disparu des deux dents mitoyennes ; à huit ans, tous les creux sont effacés : on dit alors que le cheval est hors d'âge, qu'il ne *marque* plus. Les laniaires commencent à se déchausser vers la dixième année ; à mesure que l'animal vieillit, ses dents deviennent plus longues et plus étroites.

La jument est en état de recevoir l'étalon dès la troisième année ; elle porte pendant onze mois et quelques jours et produit jus—

qu'à quinze ans. La jument qui porte peut être employée à tous les travaux ordinaires de la culture, seulement il faut la bien nourrir et éviter qu'elle ne s'échauffe trop. Vers le dixième mois, on doit la ménager davantage et lui donner, indépendamment de sa ration de foin et de carottes, des eaux blanches destinées à favoriser la formation du lait. Lorsque la jument est près de pouliner, on la met à part dans l'écurie sans l'attacher ; dès qu'elle a mis bas, il faut lui donner, à différentes reprises, des boissons tièdes ; on saupoudre de sel le poulain, afin de disposer la mère à le lécher. Pendant l'allaitement, la jument doit être nourrie avec les meilleurs fourrages et des eaux blanches ; trois semaines après le part, on peut la remettre à un travail modéré.

Le poulain tète pendant trois ou quatre mois ; un mois après sa naissance, il est bon de lui donner un peu d'avoine, et l'on en augmente la quantité à mesure que le lait de la mère diminue. Le sevrage ne doit avoir lieu que par degrés. On sépare peu à peu le poulain de sa mère, on le conduit dans de bons pâturages et on lui donne chaque jour une ration d'avoine; l'hiver de la seconde année, on augmente la quantité de foin, et dans le courant de la troisième année, on le soumet au régime ordinaire des autres chevaux. Le poulain, surtout dans le premier âge, ne doit sortir que par des temps doux.

Les chevaux faits doivent, dans une exploitation bien tenue, être nourris toute l'année à l'écurie. L'été, on leur donne des fourrages verts, tels que vesces, luzerne, trèfle, sainfoin; l'hiver, on les nourrit avec des racines, de la paille et du foin, et dans les temps de travail on y ajoute du grain. Huit à dix litres d'avoine, dix livres de foin et dix livres de carottes mêlées à de la paille hachée, suffisent pour maintenir les chevaux en pleine vigueur. Les chevaux doivent être pansés tous les jours; à midi on les étrille, le matin et le soir on peut se contenter de les bouchonner. Ces pansements à la main ont pour but d'exciter la transpiration chez ces animaux, de les débarrasser des croûtes que la sueur et la poussière forment sur leur peau, et de les préserver des maladies cutanées auxquelles ils sont très-sujets. Ainsi nourris et bien entretenus, les chevaux peuvent donner douze heures de travail, qu'on répartit en deux attelées pendant l'été; l'hiver, on ne fait qu'une seule attelée de six ou sept heures.

Il faut avoir soin que les chevaux soient toujours ferrés.

Les chevaux sont sujets à un grand nombre de maladies : la gourme les attaque pendant leur jeunesse, les travaux excessifs les rendent fourbus, des transpirations arrêtées leur donnent des catarrhes et des fluxions de poitrine; enfin la morve, occasionnée la plupart du temps par un séjour prolongé dans des endroits humides, en fait périr un grand nombre. Cette dernière maladie étant généralement réputée contagieuse, il importe d'isoler les bêtes qui en sont atteintes ; dans tous les cas, il est bon d'appeler un vétérinaire instruit.

Les lieux où l'on élève les chevaux se nomment *haras* ; c'est là qu'on les dresse à différentes allures, telles que le pas, le trot, le galop et l'amble.

La peau du cheval est employée dans les arts ; ses os, ainsi que ceux de tous les mammifères, peuvent être convertis en noir animal ; ses crins sont l'objet d'un grand commerce ; ses intestins, soumis à diverses préparations, servent à fabriquer certaines cordes ; enfin, sa chair peut être utilisée avec profit comme nourriture pour les cochons.

L'*Ane* (*Equus asinus*, Lin.) ; les oreilles longues, la queue peu garnie de poils et terminée à son extrémité par une houppe floconneuse ; le pelage généralement gris et toujours marqué d'une croix noire sur la région dorsale.

L'âne existe encore à l'état sauvage dans la Tartarie; chaque année, vers l'automne, il émigre en grandes troupes du côté du sud. C'est de l'espèce sauvage que provient l'âne domestique; son pied, plus sûr que celui du cheval, sa sobriété et son tempérament robuste en font un des animaux les plus utiles. Dans plusieurs parties de la France on l'emploie pour cultiver les vignes et pour conduire le fumier sur les terres; presque partout il offre de grandes ressources comme moyen de transport, mais presque partout, malheureusement, on croit que l'âne ne peut marcher qu'à force de coups : des soins mieux entendus, une nourriture plus abondante, permettraient d'en tirer encore plus de services. L'âne avec la jument produit les mulets proprement dits; le cheval avec l'ânesse produit de petits mulets désignés sous le nom de *Bardeaux*.

La peau de l'âne est employée dans les arts; on en fait des cribles, des tambours, ainsi qu'un grand nombre d'objets de parcheminerie. L'onagre des anciens est l'âne ordinaire à l'état sauvage.

Le *Zèbre* (*Equus zebra*, Lin.) ressemble beaucoup à l'âne, mais il est plus svelte; son pelage est rayé transversalement de bandes noires et blanches alternatives.

Le zèbre vit en troupes dans les parties méridionales de l'Afrique; il s'apprivoise plus difficilement que l'âne.

8e ORDRE DES MAMMIFÈRES.

LES RUMINANTS.

—

Les ruminants se nourrissent de matières végétales. Ils ont, en général, huit incisives à la mâchoire inférieure, celles de la mâchoire supérieure manquent dans le plus grand nombre et sont remplacées par un bourrelet calleux. La plupart n'ont point de laniaires ; les molaires, presque toujours au nombre de douze à chaque mâchoire, ont la couronne marquée d'impressions semi-elliptiques. L'estomac est quadrilobé : le premier lobe, nommé *panse*, est un réservoir où se rendent les aliments grossièrement broyés par une mastication incomplète. Le second lobe est appelé *bonnet ;* ses parois internes sont tapissées de replis lamelleux comparables à des rayons d'abeilles ; il reçoit les aliments sortis de la panse ; sa forme globuleuse et resserrée les moule en pelotes arrondies ; renvoyés à la bouche, ils y subissent une nouvelle mastication favorisée par le jeu lent et continu des mâchoires dont les condyles articulaires vacillent dans une cavité large et superficielle. Cette seconde mastication n'a lieu que pendant le repos de l'animal, elle doit réagir sur la masse entière des aliments confiés à la panse : cet acte constitue la *rumination*. Le troisième lobe a reçu le nom de *feuillet*. Il offre intérieurement des lames multipliées revêtues, ainsi que la panse et le bonnet, par un épithélium très-dense : l'œsophage est ouvert sur ces trois lobes ; il a transmis les aliments au premier lobe, il les a reçus du second, il les chasse dans une gouttière qui les mène au troisième. Le quatrième lobe, nommé *caillette*, est sillonné de rides légères ; l'épithélium qui revêt son intérieur est mince, aisément perméable ; il faut donc regarder la caillette comme l'organe central de la digestion : sa capacité est en raison inverse de l'âge, la panse ne se développe qu'à partir du moment où l'animal cherche une nourriture moins substantielle : les jeunes individus ne ruminent pas tant qu'ils ne peuvent que téter leur mère.

De même que chez les solipèdes, le squelette de la jambe est constitué par un seul os nommé canon. Cet os est terminé par deux doigts qu'enveloppent de forts sabots ; ceux-ci se correspondent par une face aplatie et ressemblent à un sabot unique qui serait bifurqué : de là, le nom de *bisulques* sous lequel on désigne aussi les ruminants. Dans quelques genres, on trouve derrière les sabots deux petits appendices revêtus de cornes : on doit les regarder comme de véritables doigts rudimentaires.

L'ordre des ruminants se divise en deux tribus. La première tribu comprend les ruminants qui n'ont point de cornes : tels sont les chameaux et les chevrotains.

LES CHAMEAUX (*Camelus*, Lin.)

Ont deux laniaires à chaque mâchoire, ainsi que deux dents pointues implantées dans l'os incisif ; leur lèvre supérieure est fendue ; leur cou est très-long comparativement à celui des autres ruminants.

G. Cuvier les partage en deux groupes : les Chameaux proprement dits et les Lamas.

LES CHAMEAUX PROPREMENT DITS
(*Camelus*, Cuv.)

Ont les doigts réunis inférieurement jusque près de leur extrémité par des brides cutanées très-épaisses ; leur dos est chargé de masses graisseuses considérables que l'on appelle bosses vulgairement.

Les chameaux sont remarquables par la possibilité qu'ils ont de conserver une grande quantité d'eau dans les poches celluleuses qui garnissent leur panse ; cet avantage explique comment ils supportent une longue privation d'eau, et comment les Arabes peuvent s'en servir pour traverser le désert.

On en connaît deux espèces qui, depuis un temps immémorial, sont assujetties aux besoins de l'homme, ce sont :

Le *Chameau à deux bosses* (*Camelus bactrianus*, Lin.) ; originaire d'Asie ;

Le *Chameau à une bosse*, ou *Dromadaire* (*Camelus dromedarius*, Lin.), originaire d'Afrique. C'est l'espèce dont les Arabes de la Régence se servent pour amener leurs provisions au marché d'Alger ; suivant toute probabilité, on pourrait l'introduire dans les landes de nos départements méridionaux.

LES LAMAS (*Lama*, Cuv.)

Diffèrent des chameaux proprement dits par leurs doigts séparés, et par l'absence de masses graisseuses sur le dos.

On n'en connaît que deux espèces qui, toutes deux, sont particulières à l'Amérique méridionale ; la plus remarquable est :

La *Vigogne* (*Lama vicugna*, Desm.), grande comme une brebis ; le pelage brun dessus, blond dessous ; les poils plus longs sur la poitrine. Son pelage long, soyeux et d'une grande finesse, est employé dans la fabrication des châles de cachemire.

LES CHEVROTAINS (*Moschus*, Lin.)

Sont caractérisés par leur mâchoire supérieure, armée de deux fortes laniaires, qui font saillie hors de la bouche dans les mâles ; leur queue est très-courte ; leur jambe se compose d'un tibia et d'un péroné grêle : ce dernier os manque dans tous les autres ruminants.

L'espèce la plus remarquable est :

Le *Chevrotain porte-musc* (*Moschus moschiferus*, Lin.), un peu plus petit que le chevreuil ; le pelage grossier, semblable à des épines, mêlé de brun, de fauve et de blanchâtre ; la queue réduite à un simple tubercule. Les organes reproducteurs du mâle sont accompagnés d'une poche qui renferme la substance connue sous le nom de *musc*. Cette espèce habite les hautes montagnes de l'Asie.

La seconde tribu comprend les ruminants armés de cornes, c'est-à-dire chez lesquels les os frontaux se prolongent en apophyses saillantes, au moins dans le sexe mâle ; on la partage en deux subdivisions :

La première, caractérisée par ses cornes entièrement pleines, se compose des genres Cerf et Girafe.

LES CERFS (*Cervus*, Lin.)

Ont les cornes ramifiées et caduques ; ces cornes, nommées *bois*, subissent des mues régulières, et prennent, en général, un plus grand accroissement après chaque mue. Couvertes d'une peau soyeuse, qui se flétrit bientôt, elles se développent jusqu'au moment où les tubercules osseux qui entourent leur base grossissent, et, par la compression des vaisseaux nourriciers, interceptent la vie qui s'y portait : la femelle, celle du renne exceptée, en est toujours dépourvue.

La plupart des cerfs ont sous les yeux des poches renfermant des cryptes glanduleux, d'où s'échappe une humeur particulière qui n'a rien de commun avec les larmes : le nom de *larmiers*, qu'on donne à ces poches, consacre donc une erreur.

Principales espèces :

L'*Élan* (*Cervus alces*, Lin.); le museau cartilagineux et renflé, la peau du cou pendante en manière de fanon; le poil grossier, d'un cendré plus ou moins nuancé de brun et de fauve. Son bois, d'abord en dague, divisé ensuite en lanières, prend, vers la cinquième année, la forme d'une lame triangulaire dentelée au bord externe, et portée sur un pédicule.

L'élan habite en petites troupes les forêts marécageuses des deux continents; sa taille égale celle d'un cheval; sa peau est très-estimée dans la chamoiserie.

Le *Renne* (*Cervus tarandus*, Lin.). Les deux sexes de cette espèce sont pourvus de cornes; leurs bois, divisés en plusieurs branches d'abord grêles et pointues, se couronnent avec l'âge de palmes larges et dentelées; leur pelage, brun pendant l'été, devient presque blanc pendant l'hiver.

Les rennes habitent les parties septentrionales de l'ancien et du nouveau continent; ils se nourrissent surtout de lichens. Les Lapons élèvent de nombreux troupeaux de rennes, qui suffisent à la plupart de leurs besoins; on a tenté à plusieurs reprises de les naturaliser en France, mais toujours sans succès.

Le *Daim* (*Cervus dama*, Lin.); le bois armé d'un andouiller pointu, rond à la base, aplati dans le reste de son étendue, et divisé en plusieurs lanières; le pelage brun-noirâtre en hiver, fauve, tacheté de blanc en été ; les fesses blanches et bordées d'une raie noire ; la queue noire en dessus, blanche en dessous.

Cette espèce, répandue dans toute l'Europe, n'est pas rare en France dans les grandes forêts ; sa peau est recherchée par les chamoiseurs.

Le *Cerf* (*Cervus elaphus*, Lin.) ; le pelage brun-fauve pendant l'été, gris-brun pendant l'hiver ; les fesses et la queue fauve-pâle en tout temps. Le bois du cerf est rond, il paraît la seconde année. D'abord sous la forme de dagues, il prend chaque année, à sa face interne, un andouiller de plus, que les chasseurs désignent sous le nom de *cors ;* il se couronne, en outre, d'une espèce d'empaumure pointue. Les cornes tombent au printemps, elles repoussent pendant l'été ; les cerfs vivent séparés pendant la mue ; immédiatement après, ils s'accouplent. La femelle se nomme *biche ;* elle porte pendant huit mois, et met bas au mois de mai un petit, nommé *faon*, tacheté de blanc. Les cerfs habitent les forêts ; l'hiver, ils se réunissent en grandes troupes ; leur bois, ainsi que celui de plusieurs espèces du même genre, sert à fabriquer des manches de couteaux.

Le *Chevreuil* (*Cervus capreolus*, Lin.) ; le pelage gris-fauve, quelquefois roux ou noirâtre, les fesses blanches ; il n'a point de larmiers ; son bois arrondi n'a que deux andouillers.

Le chevreuil vit par couples dans les forêts de l'Europe tempérée. Il perd son bois vers la fin de l'automne, le refait pendant l'hiver, entre en rut au mois de novembre, et porte pendant huit mois : sa chair est très-estimée.

LA GIRAFE (*Camelopardalis*, Lin.)

Est caractérisée par ses cornes simples, persistantes et couvertes d'une peau velue ; son cou est extrêmement long ; la hauteur du garrot ne tient pas à la hauteur des membres thoraciques ; elle est déterminée par la saillie considérable des apophyses épineuses qui lui correspondent.

On n'en connaît qu'une espèce, c'est :

La *Girafe d'Afrique* (*Camelopardalis girafa*, Lin.) ; le pelage parsemé de taches ferrugineuses angulaires sur un fond pâle, le cou surmonté d'une crinière, la queue terminée par un bouquet de longs poils.

La girafe vit en troupes dans les déserts de l'Afrique ; elle se nourrit de végétaux ; elle marche l'amble naturellement.

La seconde subdivision se compose des ruminants dont les cornes sont creuses ; ces cornes ne sont pas caduques, elles ne tombent que par accident. D'après la considération de la base osseuse qui les soutient, on partage cette subdivision en deux groupes.

Le premier groupe comprend les espèces

dont les cornes ont une base osseuse compacte; à ce groupe se rattache le genre *Antilope* (*Antilope*, Cuv.).

Principales espèces :

La *Gazelle* (*Antilope dorcas*, Lin.); les cornes rondes à la base, à double courbure; le pelage fauve dessus, blanc dessous, une bande noirâtre le long des flancs, un pinceau de poils à chaque genou; des larmiers; une poche profonde à chaque aine. De l'Afrique.

Le *Chamois* (*Antilope rupicapra*, Pall.); les cornes presque lisses, droites et recourbées subitement en arrière; le pelage brun-foncé; une bande noire descendant de l'œil sur le museau. C'est l'espèce connue sous le nom d'*Ysard* dans les Pyrénées. Dans les hautes montagnes. Sa peau préparée est employée dans les arts.

Le deuxième groupe comprend les espèces

dont les cornes ont la base osseuse aréolaire ; ce groupe renferme les chèvres, les moutons et les bœufs.

LES CHÈVRES (*Capra*, Lin.)

Se reconnaissent à leurs cornes dirigées en haut et en arrière, ainsi qu'à leur menton garni d'une longue barbe. Principales espèces :

L'*OEgagre* (*Capra œgragus*, Gmel.); la face antérieure des cornes tranchantes; le pelage généralement roussâtre. Il habite en troupes les montagnes de la Perse.

C'est sans doute de l'œgagre que proviennent les chèvres domestiques; les races les plus estimées parmi ces dernières sont les *chèvres du Thibet* et les *chèvres d'Angora*; leurs poils soyeux servent à fabriquer des tissus de cachemire et d'autres étoffes précieuses. Les chèvres causent de grands dégâts aux arbres, aux vignes et aux haies; par contre, elles donnent un lait très-abondant, et propre à la fabrication de certains fromages ; leur peau est fort recherchée.

Le *bouquetin* (*Capra ibex*, Lin.) ; les cornes marquées de deux arêtes longitudinales et de nœuds saillants et transverses ; le pelage brunâtre, d'une teinte moins foncée sur le ventre. Le bouquetin habite les sommets élevés des Alpes, du Jura et des Pyrénées.

LES MOUTONS (*Ovis*, Lin.)

Diffèrent des chèvres surtout par leur menton sans barbe et par leurs cornes dirigées plus en arrière et revenant en avant sous forme de spirale.

Principale espèce :

L'*Argali de Sibérie* (*Ovis ammon*, Erxl.) ; les cornes à base triangulaire, aplaties en avant et marquées de stries transverses ; le pelage d'hiver fourré, de couleur roussâtre, le museau et l'abdomen variés de blanchâtre ; le pelage d'été moins épais, de couleur fauve ; les fesses jaunâtres en tout temps; les cornes de la femelle sont petites et presque lisses.

C'est à l'Argali de Sibérie qu'on rapporte les variétés nombreuses de moutons domestiques. En France, les races les plus estimées sont les *Mérinos d'Espagne*, à laine fine et crépues, et les races *normande* et *picarde*, remarquables par leur taille forte et élevée, mais pourvues d'une laine plate et grossière ; les départements les moins riches en pâturages, ou dont l'agriculture est très-arriérée, nourrissent les plus petites races.

Le croisement judicieux des races est le meilleur moyen de corriger les vices d'un troupeau. Pour l'opérer avec fruit, on choisit de beaux béliers qu'on accouple avec les brebis du pays; les femelles métis qui en proviennent sont de nouveau accouplées avec des béliers de choix, et l'on continue ainsi, de génération en génération, jusqu'à ce que le troupeau ait acquis toutes les qualités de la race pure et puisse les continuer par lui-même.

L'âge des moutons se reconnaît aux dents incisives. A la fin de la première année, les deux dents du milieu tombent et sont remplacées par deux dents plus larges et plus longues : on dit alors que l'animal est *ante-nois* ; les deux dents qui suivent tombent pareillement à la fin de la seconde année et sont remplacées de même ; il en est ainsi des autres, c'est-à-dire qu'à la cinquième année toutes les dents de lait incisives sont tombées et remplacées ; passé cinq ans, les dents s'usent, puis finissent par tomber : on dit alors que l'animal est *brèche*.

Le bélier et la brebis sont aptes à produire à dix-huit mois ; la gestation dure cinq mois et quelques jours. Jusqu'à l'époque où l'accouplement doit avoir lieu, on tient les béliers séparés des brebis. La monte a lieu généralement dans le courant de juin et de juillet, et les agneaux, naissant en décembre et en janvier, sont assez forts pour accompagner leur mère aux champs à la fin de l'hiver. On distingue deux espèces de monte : la monte à la main et la monte libre. La première, usitée seulement dans les troupeaux qu'on veut améliorer, consiste à renfermer chaque brebis en chaleur avec un bélier de choix ; la seconde a lieu naturellement : on laisse les béliers avec les brebis pendant quatre ou cinq semaines, et l'on a soin de proportionner leur nombre à celui des bêtes en chaleur, afin qu'ils ne s'épuisent pas. On compte, en général, un bélier par soixante brebis.

L'agnelage demande une grande attention de la part du cultivateur. Il est essentiel, à cette époque, que les mères reçoivent une bonne nourriture, afin que les produits soient vigoureux : les betteraves, les pommes de terre favorisent particulièrement la formation du lait ; ces racines formeront donc une partie de la ration journalière des mères. Lorsque les brebis ont agnelé, on les met à part avec leurs agneaux pendant plusieurs jours ; trois semaines ou un mois après leur naissance, on commence à séparer les agneaux de leurs mères ; on leur donne du grain et du foin, on les sèvre ensuite entièrement vers le quatrième mois. Tous les mâles que l'on ne veut pas conserver doivent être châtrés à l'âge de trois semaines ou d'un mois ; après cette opération, ils portent le nom de *moutons*.

Pendant l'été, les moutons pâturent dans les prés ou les champs récoltés ; on peut aussi leur faire manger sur place des trèfles, des luzernes et des vesces, mais alors il faut éviter avec le plus grand soin de les faire pâturer par la rosée, de peur de la météorisation. L'hiver on les nourrit avec de la paille, du foin et des racines : deux à trois livres de foin, suivant la taille de l'animal, suffisent pour entretenir chaque jour un mouton; mais il vaut mieux composer sa nourriture d'une livre de foin, de deux livres de pommes de terre ou betteraves et de paille : la paille, donnée seule, forme une mauvaise provende ; elle nourrit d'autant plus mal les bêtes, qu'elle contient moins d'herbes et qu'elle a été battue avec plus de soin.

La disposition des bergeries n'est point indifférente pour le bien-être des moutons. Ces animaux sont, en général, renfermés dans des locaux bas et étouffés ; les bergeries cependant devraient être aérées et spacieuses, car le mouton est naturellement garanti du froid par sa laine, les agneaux seuls doivent être tenus dans un endroit chaud.

La tonte a lieu ordinairement dans le courant de juin. On doit tondre tout d'une pièce, aussi près de la peau que possible, mais sans blesser l'animal et sans former de raies sur son corps. La laine la plus fine se trouve sur l'épaule et les côtés; la plus grossière est celle de la tête, du cou et des jambes.

L'engraissement des moutons peut avoir

lieu de deux manières : au pâturage ou à la bergerie. Dans le premier cas, on place les moutons dans des pâturages abondants, et si cette nourriture ne suffit pas, on donne un supplément de grains à la bergerie ; dans le second cas, on donne aux bêtes du foin, des racines, des résidus de brasserie, de distillerie, des tourteaux délayés dans de l'eau, et dans le cours de l'engraissement on ajoute du grain et du sel à leur ration. L'engraissement est d'autant plus avantageux, qu'il est achevé en moins de temps ; il faut donc donner aux bêtes à l'engrais toute la nourriture qu'elles peuvent consommer pendant cette période. Lorsqu'il est bien dirigé, il dure de six semaines à deux mois.

Les moutons sont sujets à plusieurs maladies, savoir : le tournis, la gale, la pourriture, le piétain, la météorisation et la clavelée.

Le *tournis* est occasionné par un entozoaire vésiculeux, le *cænure des brebis (Cænurus ce-*

rebralis), désigné par erreur sous le nom d'hydatide ; il se loge dans la substance cérébrale et se nourrit à ses dépens. L'animal affecté du tournis marche la tête baissée, il est sujet à des étourdissements répétés, tourne involontairement sur lui-même et finit par succomber. Le trépan serait le seul moyen d'extraire le cenure, mais cette opération étant la plupart du temps très-chanceuse, il vaut mieux abattre l'animal.

La *gale* est contagieuse chez les moutons ; les parties de leur corps qui en sont attaquées sont couvertes de boutons, l'animal est sans cesse occupé à se gratter, et sa laine se détache par flocons. On y remédie en enlevant les boutons de gale avec un instrument spécial, et en frottant la partie malade avec des feuilles de tabac détrempées dans de l'huile de térébenthine.

La *pourriture* ou *cachexie aqueuse* est presque toujours le résultat de fourrages de mauvaise qualité ou d'une nourriture prise dans des pâturages humides ; on reconnaît que l'animal en est atteint, lorsque la veine de l'œil offre une teinte pâle, au lieu de la couleur rouge qu'elle présente dans l'état de santé. On prévient cette maladie en conduisant les moutons dans des pâturages secs et en leur donnant une bonne nourriture à laquelle on mêle un peu de sel.

Le *piétain* ou boiterie est une maladie qui attaque la corne du pied et fait boiter l'animal. Elle provient le plus souvent du défaut de litière ; les excréments des animaux s'interposent alors entre les doigts et y déterminent un ulcère. On guérit le piétain en retranchant soigneusement toute la corne qui est altérée, et en saupoudrant la plaie de sulfate de cuivre (vitriol bleu).

La *météorisation* provient la plupart du temps de la négligence des bergers qui font pâturer leurs troupeaux sur des vesces, des luzernes, des trèfles encore humides, ou qui leur distribuent ces fourrages sans précaution ;

l'animal dont la panse s'est remplie outre mesure, éprouve une véritable indigestion. Ses flancs se gonflent d'une manière extraordinaire, et bientôt il périt asphyxié si on ne lui porte secours. Il ne faut jamais faire pâturer les moutons lorsque les plantes sont mouillées, et on ne doit leur laisser prendre d'abord qu'une petite quantité de fourrages verts. Dans plusieurs localités, on a l'excellente habitude de chasser le troupeau peu d'instants après qu'il vient d'être conduit sur une pièce de fourrages verts; on répète ce manége à plusieurs reprises, et l'on évite ainsi les accidents. Lorsqu'une bête est prise de météorisation, il faut la faire marcher sur-le-champ; si ce moyen ne réussit pas, on lui fait avaler une once de salpêtre en poudre, délayée dans un verre d'eau-de-vie, ou bien on lui perce la panse avec un trocart garni d'une canule : le gaz s'échappe par cette issue, et l'animal, soumis pendant quelques jours à la diète et au repos, ne tarde pas à guérir.

La *clavelée*, désignée aussi sous le nom de *claveau*, est une maladie contagieuse. Ordinairement elle s'annonce par des pustules qui se développent surtout aux parties du corps dépourvues de laine. On diminue l'intensité de cette maladie en l'inoculant à tout le troupeau aussitôt que plusieurs individus en sont atteints ; on tient alors les animaux dans un local bien chaud, et on leur donne une nourriture fortifiante, ainsi que du sel.

Les moutons rendent de grands services à l'homme. L'agriculture les emploie pour fertiliser les terres, là surtout où l'éloignement des champs ou bien la difficulté des chemins rendraient le charroi des engrais très-dispendieux. Dans ce but, on renferme le troupeau entre des clôtures artificielles nommées *parcs ;* les matières fécales qu'il y dépose constituent un engrais très-énergique. Suivant le degré de fumure qu'on veut appliquer au sol, on donne un, deux ou trois coups de parc, c'est-à-dire qu'on laisse les moutons séjourner sur

le même lieu ou qu'on les change deux ou
trois fois de place pendant un temps donné.
La graisse des moutons sert à la fabrication du
suif; leur peau travaillée forme la basane des
relieurs; enfin, leur laine sert à fabriquer la
plupart de nos vêtements.

LES BOEUFS (*Bos*, Lin.)

Ont les cornes placées sur les côtés de la
tête et se dirigeant en avant sous forme de
croissants; leur queue est généralement terminée par un bouquet de poils. Ce sont des
animaux à mufle large, à corps trapu et à
membres robustes.

Les principales espèces sont :

Le *Bœuf ordinaire* (*Bos taurus*, Lin.); le
front plat, plus long que large, les cornes
rondes et placées aux extrémités de la ligne
saillante qui sépare le front de l'occiput; la
plupart ont un large fanon au-devant des extrémités antérieures.

Cette espèce offre un grand nombre de variétés. Les principales races en France sont les races de Normandie, de Flandre et de l'Auvergne. Suivant l'usage auquel on les destine, elles doivent présenter des caractères spéciaux : c'est ainsi que les vaches laitières doivent avoir de petits os, la tête fine, le ventre large, le pis pendant et bien formé, et les veines de lait bien prononcées; les races propres au travail ont le corps ramassé, la poitrine large et les membres vigoureusement constitués; les races réservées pour l'engraissement doivent avoir le corps long, les os petits et la peau très-souple : le choix judicieux des différentes races exerce une grande influence sur le profit qu'on tire du bétail.

L'âge des bêtes bovines se reconnaît aux dents incisives. A la fin de la première année, les deux dents du milieu tombent et sont remplacées par deux dents plus larges; les deux dents qui suivent tombent pareillement à la fin de la seconde année et sont

remplacées de même ; il en est ainsi des autres, c'est-à-dire qu'à la cinquième année
toutes les dents de lait incisives sont tombées et remplacées par de nouvelles dents :
l'âge ultérieur est indiqué par la détrition de
ces dents qui s'effectue dans le même ordre
que celui de leur émission.

Le taureau et la génisse sont aptes à s'ac-
coupler dès l'âge de deux ans. La chaleur de
la femelle dure de vingt-quatre à trente-six
heures ; si on laissait passer plusieurs fois ce
temps sans la faire couvrir, elle courrait risque
de ne plus redemander le mâle. Un taureau
suffit à vingt-cinq ou trente vaches. La vache
porte pendant neuf mois et quelques jours ;
elle met bas un veau, rarement deux à la fois.
Le temps du part exige une grande surveillance. La vache, à cette époque, demande une
nourriture particulièrement choisie. Dans
plusieurs localités de la France, on a la mauvaise habitude de diminuer la ration des vaches quelques semaines avant qu'elles met-

tent bas, d'après le préjugé que la diète facilite la naissance du veau. Il convient, au contraire, de leur donner une nourriture abondante, substantielle, telle que des eaux blanches, des soupes, des tourteaux délayés dans de l'eau ou des résidus de brasserie ou de distillerie : cette alimentation favorise la formation du lait; il est bon de la continuer dans les premiers jours qui suivent la mise bas. Si le veau se présente bien, on laisse la nature agir librement, et l'on ne vient au secours de la mère que dans les cas difficiles. Dès que la vache a vêlé, on porte le veau sur une bonne litière et dans une case préparée d'avance; on lui fait boire du lait de sa mère pendant les trois ou quatre premiers jours, et l'on continue de le nourrir avec du lait jusqu'à ce qu'il soit sevré.

On distingue deux manières d'élever le veau pendant la première période de sa vie, en le laissant téter ou en lui faisant boire du lait. Le premier mode, suivi dans quelques exploitations, fatigue la vache et rend le sevrage plus difficile. Ces inconvénients n'existent pas avec le deuxième mode. Le veau peut être sevré quatre ou cinq semaines après sa naissance. D'abord on diminuera sa ration de lait et on lui substituera des eaux blanches; peu à peu on lui donnera du foin ou du grain; enfin, on supprimera entièrement le lait et on soumettra l'animal au régime des bêtes adultes, lorsqu'il sera parvenu à un degré suffisant de développement. Lorsqu'on veut faire des veaux gras, on n'emploie que du lait; on en donne à l'animal pendant six semaines environ autant qu'il en veut boire, et sur la fin de l'engraissement on lui fait avaler un œuf. Plusieurs cultivateurs, trouvant cette nourriture trop chère, y mêlent quelquefois du son ou des eaux blanches; mais le veau profite moins : le lait seul lui donne cette chair blanche qui le fait tant rechercher.

C'est après avoir vêlé que la vache donne

le plus de lait ; elle doit être traite à fond, saillie régulièrement et tenue avec une grande propreté, si l'on ne veut s'exposer à voir la quantité du lait diminuer. Quelque temps après le part, le lait gagne en qualité ce qu'il perd en quantité ; il tarit lorsque la vache va mettre bas de nouveau.

La nourriture des bêtes bovines adultes peut avoir lieu de deux manières : au pâturage ou à l'étable.

La nourriture au pâturage est certainement la plus commode par le peu d'embarras qu'elle occasionne ; mais aussi c'est celle qui exige le plus de terrain, produit le moins de fumier, et, en général, nourrit le plus mal le bétail ; lorsqu'on l'emploie, il faut avoir soin de ne pas envoyer les animaux au pâturage par des temps humides. La nourriture à l'étable convient beaucoup mieux aux bêtes bovines ; leur santé en effet ne souffre nullement d'un séjour prolongé dans l'étable, lorsque celle-ci est vaste et aérée ; il faut seulement disposer sa culture de manière que la production des fourrages artificiels se suive sans interruption. Pendant la belle saison on donnera aux bêtes bovines des vesces, du trèfle, de la luzerne, en ayant soin, surtout dans les commencements, de leur distribuer cette nourriture avec précaution, c'est-à-dire en petites portions et mélangée avec de la paille hachée, de peur d'accidents. L'hiver, dans la plupart des exploitations rurales, on a coutume de nourrir ces bêtes avec du foin ou de la paille; mais cette nourriture coûteuse serait remplacée avec plus de profit par un mélange de racines, de paille et de foin : quinze livres de foin, dix livres de pommes de terre ou betteraves et de la paille hachée forment une bonne ration pour les bêtes bovines; les résidus de fabrication et les grains sont préférables pour les bêtes qu'on veut engraisser.

C'est à l'âge de six ou huit ans que les bêtes bovines sont le plus propres à l'engraissement; on cesse alors de les traire ou de les faire travailler, et on leur donne une nourriture plus abondante et plus substantielle. Plusieurs règles sont à observer dans l'engraissement ; ainsi, 1° il faut bien choisir les animaux qu'on veut y soumettre ; ces animaux doivent avoir été châtrés dans leur jeunesse ; il faut qu'ils soient parfaitement sains et pas trop maigres ; ils doivent en outre présenter les caractères qui indiquent de la propension à prendre graisse ; savoir : un corps cylindrique, large et long, la poitrine large, les os petits, la peau fine, un tempérament doux et tranquille, sans être cependant paresseux.

2° Il faut choisir les aliments et les préparer de manière que l'animal s'engraisse promptement. Les bêtes à l'engrais consomment une plus grande masse de nourriture que les autres ; mais ce n'est pas tant le volume que la faculté nutritive des aliments qui contribue à les engraisser ; il est essentiel surtout qu'elles digèrent bien ce qu'on leur donne, voilà pourquoi les résidus et les soupes leur sont si avantageux. Dans les premières semaines de l'engraissement, on augmente peu à peu la nourriture de l'animal et l'on y ajoute des eaux blanches ; à mesure que les bêtes deviennent grasses, on supprime par degrés une partie des fourrages, et on les remplace par des aliments plus substantiels, comme les tourteaux et les grains : une nourriture variée est celle qui profite le mieux aux bêtes à l'engrais.

3º Il faut éviter tout ce qui pourrait troubler l'animal, et par suite nuire à son engraissement; le repos, la chaleur et l'obscurité sont très-favorables aux animaux qu'on engraisse; mais de tous les agents, celui qui, après la nourriture, influe le plus sur l'engraissement, c'est la propreté. On doit donc avoir soin de tenir les auges en bon état et de fournir aux animaux une litière abondante ; les pansements à la main leur sont aussi très-utiles.

On cesse l'engraissement lorsque l'animal n'augmente plus d'une manière sensible.

Les bœufs destinés au travail peuvent être employés dès la troisième année; avec une bonne nourriture et des soins judicieux on peut en tirer parti jusqu'à la dixième année. Il faut éviter de les faire travailler par la grande chaleur.

Le type sauvage du bœuf ordinaire est inconnu.

Le *Buffle* (*Bos bubalus*, Lin.); le front bombé, plus long que large, les cornes marquées en avant d'une arête longitudinale saillante; une masse graisseuse formant bosse sur le dos.

Le buffle est originaire de l'Inde; on l'a naturalisé en Italie dans les environs des marais Pontins, où il est employé à la culture des terres; il réussirait très-bien à Alger, dans la Métidja.

L'*Aurochs* (*Bos urus*, Gmel.); le front bombé, plus large que haut, les cornes placées au-dessous de la crête occipitale; la tête et le cou du mâle sont recouverts de laine crépue.

L'aurochs, répandu autrefois dans toute l'Europe tempérée, n'existe plus aujourd'hui que dans les forêts marécageuses de la Lithuanie, ainsi que dans les monts Krapacks et les montagnes du Caucase.

Le *Bison* (*Bos bison*, Lin.) diffère de l'aurochs principalement par ses jambes et sa queue qui sont plus courtes, ainsi que par la masse graisseuse qui surmonte son dos.

Le bison habite les parties tempérées de l'Amérique septentrionale; il s'accouple avec la vache ordinaire.

L'*Yack* (*Bos grunniens*, Lin.); la queue entièrement garnie de poils, comme celle du cheval, une longue crinière sur le dos. L'yack est originaire des montagnes du Thibet; les étendards turcs destinés à marquer, par le nombre des queues flottantes, la hiérarchie des officiers supérieurs, sont tirés de l'yack.

9e ORDRE DES MAMMIFÈRES.

LES CÉTACÉS.

—

Les cétacés n'ont point d'extrémités postérieures visibles au dehors; leur corps est terminé par une nageoire horizontale; leurs extrémités antérieures sont façonnées en rames. Tous allaitent leurs petits au sein des eaux; ces petits, n'ayant pas de lèvres mobiles, ne peuvent téter, ils se suspendent à leurs mères par leurs mâchoires : les mamelles, comprimées entre les muscles antérieurs de la poitrine, lancent dans leur gueule le lait destiné à les nourrir.

Les cétacés ont été longtemps regardés comme des poissons; mais leur respiration pulmonaire, la présence de mamelles, leur génération vivipare justifient la place que Brisson leur a donnée parmi les mammifères.

Ils forment deux familles : les cétacés herbivores et les cétacés ordinaires.

Première famille.

Les Cétacés herbivores.

Les cétacés herbivores ont les molaires surmontées de couronnes plates, les mamelles placées sur la poitrine et les narines percées au bout du museau, dont les côtés sont garnis de moustaches; leur estomac est quadrilobé.

A cette famille appartiennent :

LES MANATES (*Manatus*, Cuv.),

Ainsi nommés parce que leurs membres antérieurs sont armés d'ongles rudimentaires qui facilitent la préhension ; leur corps est terminé par une nageoire ovalaire.

Toutes les espèces de ce genre sont étrangères à l'Europe. La forme de leur tête, l'aspect de leurs moustaches, la position de leurs mamelles, leur donnent une apparence humaine ; telle est, sans doute, l'origine de l'histoire fabuleuse des tritons et des sirènes.

Deuxième famille.

Les Cétacés ordinaires.

Les cétacés ordinaires sont caractérisés par

la présence d'*évents*. On nomme évents, chez ces animaux, les orifices extérieurs des cavités nasales, modifiés pour un usage particulier ; leur forme et leur position varient. Situés quelquefois près du museau, comme dans le genre physeter, ils se montrent aussi quelquefois à l'occiput, comme dans certaines espèces du genre delphinus ; le plus souvent ils correspondent à la région frontale. Or, c'est au front que vient aboutir, dans tous les cétacés, le canal osseux des fosses nasales ; celles-ci servent à donner passage au liquide que l'animal est forcé d'engloutir avec sa proie. Une échancrure particulière du voile palatin offre une issue à l'eau engloutie ; cette eau est chassée avec bruit et violence hors de la bouche par des muscles constricteurs appropriés : de là le nom de *souffleurs* donné à ces animaux.

Certains genres manquent de dents ; lorsque ces organes existent, ils sont généralement coniques et ne servent qu'à retenir la

proie ; les mamelles sont situées près de l'a-
nus ; l'estomac offre de cinq à sept lobes distincts.

Les cétacés ordinaires peuvent être partagés en deux groupes : les uns ont la tête
proportionnée avec le reste du corps ; à ce
groupe appartiennent les dauphins et les narvals.

LES DAUPHINS (*Delphinus*, Lin.)

Ont les mâchoires armées de dents ; leurs
évents s'ouvrent par une seule échancrure se-
mi-lunaire. Ce sont les animaux les plus carnassiers de l'ordre. G. Cuvier les divise en plusieurs genres, dont les principaux sont les
dauphins proprement dits et les marsouins.

Dans les dauphins proprement dits (*Delphinus*, Cuv.), le front est bombé, le museau se prolonge en avant de la tête sous
forme de bec ; le dos est surmonté d'une nageoire.

L'espèce la plus répandue sur nos côtes est :

Le *Dauphin commun* (*Delphinus delphis,* Lin.); noir en dessus, blanc en dessous, le bec déprimé; chaque mâchoire porte quatre-vingt-quatre à quatre-vingt-quinze dents. Cet animal vit par troupes dans toutes les mers; il accompagne souvent les bâtiments; il est surtout remarquable par la prestesse de ses mouvements.

LES MARSOÙINS (*Phocæna*, Cuv.)

Diffèrent des dauphins proprement dits par leur museau court, bombé et non terminé par un bec.

Nous en avons plusieurs espèces, savoir :

Le *Marsouin commun* (*Phocæna communis*, Desm.); noirâtre en dessus, blanc en dessous; les dents comprimées et tranchantes. C'est le plus petit des cétacés connus.

L'*Epaulard* (*Phocœna grampus*, Desm.); de la même couleur que le précédent; les dents légèrement courbées à leur sommet. C'est l'un des ennemis les plus acharnés de la baleine.

L'*Epaulard à tête ronde* (*Phocœna globiceps*, Desm.); le dessus de la tête bombé comme un globe; le corps d'un gris noirâtre avec une raie blanche qui s'étend depuis la gorge jusqu'à l'anus.

Toutes ces espèces vivent en troupes; celles qui n'ont point de nageoire dorsale forment le genre delphinaptère de Lacépède.

LES NARVALS (*Monodon*, Lin.)

N'ont pour dents que deux longues défenses

implantées dans l'os incisif et dirigées parallèlement à l'axe du corps ; la défense du côté gauche est la seule qui se développe ; l'autre, suivant la remarque d'Anderson, reste cachée dans l'alvéole droit ; leur dos est surmonté d'une crête longitudinale.

On n'en connaît qu'une seule espèce, c'est :

Le *Narval ordinaire* (*Monodon monoceros*, Lin.), appelé aussi *Licorne de mer* ; la peau marbrée de brun et de blanchâtre. Le narval habite les mers du pôle boréal ; sa défense était jadis fort employée dans les arts.

Dans les autres cétacés, les os de la face acquièrent un tel développement, que la tête occupe en longueur le tiers ou même quelquefois la moitié du corps ; ce groupe comprend les cachalots et les baleines.

LES CACHALOTS (*Physeter*, Lin.)

Ont la mâchoire inférieure armée de dents ;

leur tête, excessivement renflée en avant, offre, dans sa partie supérieure, de grandes cavités qui renferment une matière huileuse, désignée dans le commerce sous le nom de *blanc de baleine* ou d'*adipocire*; celle-ci se distribue dans plusieurs parties du corps au moyen de canaux particuliers et pénètre jusque dans le lard; elle est concrescible, transparente, et sert dans la fabrication des bougies diaphanes. On pense que la substance connue sous le nom d'*ambre gris* est une production morbide qui se forme dans les intestins des cachalots et des baleines.

L'espèce la plus répandue est :

Le *Cachalot à grosse tête* (*Physeter macrocephalus*, Lacép.); une éminence calleuse près de l'anus, la queue très-étroite, le dos noirâtre, tacheté de blanc, le ventre blanchâtre. Dans toutes les mers; et particulièrement dans la mer du Sud.

LES BALEINES (*Balæna*, Lin.)

N'ont point de dents; leur mâchoire supérieure est garnie de lames cornées et noirâtres serrées les unes contre les autres. Ces lames, appelées *fanons*, jouent le rôle d'un tamis qui laisse échapper l'eau et retient les substances dont ces animaux se nourrissent; on les vend dans le commerce sous le nom de baleines.

Principale espèce :

La *Baleine franche* (*Balæna mysticetus*, Lin.); le ventre lisse, le dos privé de nageoires. C'est l'espèce si recherchée pour l'huile qu'on en retire; chaque individu, parvenu à l'état d'adulte, en fournit jusqu'à trente hectolitres. La baleine franche, répandue autrefois dans nos mers, paraît être confinée maintenant dans les mers du Nord.

Sa pêche a lieu de la manière suivante : dès que la vigie a signalé une baleine du haut

de la hune, on met les embarcations à la mer,
et l'équipage fait force de rames pour s'approcher du cétacé. Debout à la proue, le har-
ponneur s'apprête à percer l'animal. Ar-
rivé à portée, il lance son harpon dans le
corps de la baleine; celle-ci, en général,
plonge aussitôt qu'elle se sent blessée, et entraîne avec elle le harpon auquel est attachée
une corde de cinq à six cents pieds. L'équipage dans ce moment est exposé aux plus
grands dangers : si la corde venait à s'accrocher ou ne filait pas avec assez de vitesse,
l'embarcation serait infailliblement submer-
gée; mais tout est disposé pour que la corde
suive rapidement les mouvements de la baleine; à mesure qu'elle se déroule, on attache une deuxième et une troisième corde,
et ainsi de suite, jusqu'à ce que les embarcations aient fourni toutes celles qu'elles
possèdent. Vient un moment où la baleine
remonte à la surface pour respirer; les équi-
pages aussitôt l'entourent pour la harponner

de nouveau. Pendant ce temps son sang s'é-
coule, elle perd de plus en plus ses forces ;
au moment d'expirer, elle fait un dernier
effort, élève sa queue au-dessus de l'eau,
bat la mer avec violence, et, succombant enfin
à son épuisement, se couche sur le flanc et
meurt. Les pêcheurs lui percent alors la queue
et y passent des cordes afin de la ramener
au bâtiment ; là, ils la suspendent aux flancs
du navire et la dépècent par tranches qu'ils
entassent dans des barils. La graisse n'est
fondue que lorsque le bâtiment est de retour au port. La pêche du cachalot s'effectue
de la même manière.

Les baleines dont le dos est surmonté d'une
nageoire constituent le genre balénoptère de
Lacépède.

2ᵉ CLASSE DES VERTÉBRÉS.

LES OISEAUX.

—

Les oiseaux sont des animaux vertébrés ovipares, à circulation et respiration doubles, et organisés pour le vol.

La tête des oiseaux est en général petite, proportionnément au volume du corps ; la face est occupée, en grande partie, par le bec qui est formé de deux *mandibules* : la mandibule supérieure jouit d'une certaine mobilité.

Le cou, composé d'un grand nombre de vertèbres très-mobiles les unes sur les autres, est d'autant plus long que l'oiseau est plus élevé sur ses pattes ; il en est de même chez ceux qui cherchent leur nourriture au sein des eaux.

Chez la plupart des oiseaux, les vertèbres du dos sont soudées les unes aux autres et complétement immobiles.

Le sternum, destiné à donner attache aux muscles abaisseurs de l'aile, est très-développé, et présente ordinairement à sa partie médiane une lame saillante, en forme de carène, nommée *brechet*.

Les membres antérieurs, conformés pour le vol, sont munis d'une double clavicule ; l'humérus est conformé comme celui de l'homme, mais le radius et le cubitus ne peuvent tourner l'un sur l'autre ; ces membres sont terminés par trois doigts, dont deux à peine développés.

Les membres postérieurs se composent d'un fémur, d'un tibia, d'un péroné et d'une rotule ; le tarse et le métatarse y sont représentés par un seul os que terminent les doigts ordinairement au nombre de quatre : le pouce est dirigé en arrière.

En général, tout le corps des oiseaux est couvert de *plumes ;* ces téguments, analogues aux poils, sont formés d'un tube corné ouvert à l'extrémité, et d'une tige garnie sur les côtés de barbes qui, elles-mêmes, se ramifient en barbules. Les grandes plumes des ailes et de la queue sont désignées sous le nom commun de *pennes ;* celles de la queue, assimilées à un gouvernail, portent le nom spécial de *rectrices ;* celles des ailes, comparées à des rames, sont désignées sous le nom de *rémiges* et se subdivisent en *rémiges primaires, secondaires* et *bâtardes,* suivant qu'elles naissent sur le corps, l'avant-bras ou le pouce ; les plumes qui revêtent le bras ont reçu la dénomination de *scapulaires,* celles qui se trouvent à la base des pennes sont appelées *couvertures* ou *tectrices.*

Pour voler, l'oiseau frappe l'air de ses ailes ; la résistance de l'air lui fournit un point d'appui dont il se sert pour s'élancer. D'après ce mécanisme, on conçoit aisément que plus les ailes sont développées, plus la masse d'air qu'elles choquent produit de résistance, et que la progression de l'oiseau est d'autant plus rapide, que ses ailes en se ployant déplacent un plus grand volume d'air à la fois ; c'est en effet ce qu'on observe chez les oiseaux bons voiliers : la rapidité de leur vol est en proportion directe avec l'étendue de leurs ailes.

Les plumes tombent deux fois par an, c'est l'époque de la mue ; le plumage des mâles offre ordinairement des couleurs plus vives que celui de la femelle ; dans quelques espèces, le plumage d'hiver diffère complétement du plumage d'été.

L'organe du toucher est le moins développé chez les oiseaux : cette particularité s'explique aisément par les plumes dont leur corps est couvert, par leurs pattes garnies d'écailles, et par leurs mandibules cornées.

Le sens du goût est presque nul ; la plupart des oiseaux avalent leur nourriture sans la mâcher.

Le sens de l'odorat est très-remarquable chez les espèces carnassières ; on sait que les vautours, les aigles, les corbeaux, éventent de fort loin les cadavres : l'organe de l'odorat est d'autant moins parfait que l'oiseau est plus exclusivement granivore.

L'œil des oiseaux est conformé de manière à distinguer aisément les objets, soit éloignés, soit rapprochés ; outre les deux paupières ordinaires, on en voit une troisième située à l'angle interne de l'œil, qui peut se placer comme un rideau, au-devant de cet organe.

Le sens de l'ouïe est plus simple que dans la classe des mammifères ; l'oreille ne présente pas de *conque* externe, excepté toutefois chez les oiseaux de nuit qui perçoivent les sons dans une espèce de pavillon formé par une disposition particulière des plumes autour du trou auditif.

L'organe respiratoire des oiseaux présente

une conformation toute spéciale. Les poumons, adhérents aux côtes et aux vertèbres dorsales, communiquent avec de grands sacs membraneux qui laissent passer l'air dans plusieurs parties de la poitrine, du bas-ventre, des aisselles et de l'intérieur des os, de sorte que ce fluide entre en contact avec les vaisseaux pulmonaires et les autres vaisseaux du reste du corps.

Le sang des oiseaux est chaud ; leur cœur offre deux ventricules et deux oreillettes ; la circulation est double.

Parmi les oiseaux, les uns sont granivores, les autres sont carnassiers, un grand nombre se nourrissent d'insectes. Leur estomac se compose de trois parties : le *jabot* ou premier renflement de l'œsophage, le *ventricule succenturié* ou seconde dilatation de l'œsophage où les aliments s'imbibent de l'humeur sécrétée par les glandes nombreuses qui le garnissent, et le *gésier* armé de deux muscles vigoureux destinés à broyer les aliments chez les espèces qui se nourrissent de substances dures et difficiles à digérer : dans les animaux qui ne vivent que de chair et de poissons, les muscles du gésier sont minces et membraneux.

Au sortir de l'estomac, les aliments descendent dans les intestins; lorsqu'ils ont achevé de s'y dépouiller de leurs sucs nutritifs, ils se mêlent aux urines et sont expulsés avec elles par le *cloaque*, espèce de poche commune aux matières fécales et aux organes de la génération.

Le canal aérien des oiseaux ou la trachée-artère offre deux larynx : l'un supérieur, aboutissant au pharynx, mais dépourvu d'épiglotte ; l'autre inférieur, situé à l'endroit où la trachée se partage en deux conduits; c'est dans ce dernier larynx que se forment les sons : sa structure est d'autant plus compliquée que l'oiseau est meilleur chanteur.

Tous les oiseaux sont ovipares. A une certaine époque, le sac ovarien se déchire, et l'œuf est amené dans un canal nommé *oviducte;* là, il ne présente encore que la matière jaune ou *vitellus* enfermée dans une enveloppe membraneuse qui laisse apercevoir sur un de ses points une petite tache blanchâtre nommé *cicatricule* où l'embryon doit se développer. A mesure que l'œuf descend, les parois de l'oviducte sécrètent des substances dont elles le revêtent ; parvenu au milieu du canal, l'œuf s'entoure d'une matière glaireuse (*le blanc de l'œuf*), et bientôt après une nouvelle membrane se forme qui protége toutes les parties intérieures et s'encroûte à sa surface externe d'une substance calcaire dont la couleur et la consistance varient : c'est *la coquille de l'œuf.*

L'œuf paraît au dehors sous cette forme ; s'il n'a pas été préalablement fécondé, il n'éprouve aucune modification importante ; mais si la fécondation a eu lieu, la chaleur agira sur l'embryon, et, après un laps de temps déterminé, le jeune animal aura acquis un certain développement et brisera sa coquille, muni de ses organes.

La ponte a lieu, en général, une ou deux fois par an chez les oiseaux qui jouissent de leur liberté ; à l'état de domesticité, la fécondité est souvent plus grande : on a remarqué que le nombre des œufs pondus est ordinairement d'autant plus considérable que les espèces sont plus petites.

La plupart des oiseaux couvent leurs œufs ; tantôt la femelle et le mâle se partagent les soins de l'incubation, tantôt la femelle seule s'en occupe : quelques-uns, en petit nombre, déposent leurs œufs dans le sable, et les abandonnent à la chaleur atmosphérique.

Le temps de l'incubation varie ; en général, les oiseaux sont renfermés d'autant plus longtemps dans l'œuf, qu'ils doivent en sortir plus développés.

D'après les caractères empruntés principalement à la conformation du bec et des pattes,

G. Cuvier divise la classe des oiseaux en six ordres : les oiseaux de proie ou rapaces, les passereaux, les grimpeurs, les gallinacés, les échassiers et les palmipèdes.

1er ORDRE DES OISEAUX.

LES OISEAUX DE PROIE OU RAPACES.

Les *oiseaux de proie* ou *rapaces*, ainsi appelés parce qu'ils vivent tous de chair et poursuivent les autres oiseaux, constituent le premier ordre de la série ornithologique : leur genre de vie les assimile aux mammifères carnassiers. Leur bec est fortement recourbé vers la pointe ou même dès la base ; leurs ongles crochus ont fait donner à leurs pieds le nom général de *serres*. Chez la plupart, les narines sont percées dans une partie nue de la peau, nommée *cire*, qui revêt la base du bec ; leurs tarses, en général, sont peu développés ; ils ont tous quatre doigts ; trois doigts sont dirigés en avant, le pouce seul est tourné en arrière ; dans un grand nombre, les deux doigts externes sont réunis à la base par une courte membrane. Les oiseaux de cet ordre mangent avec gloutonnerie ; les espèces qui se nourrissent de proie vivante avalent les petits animaux qu'ils rencontrent, et se débarrassent des restes inutiles de leur proie en les vomissant intacts sous forme de pelote arrondie.

On rapporte les oiseaux de cet ordre à deux familles : les oiseaux de proie diurnes et les oiseaux de proie nocturnes.

Première famille.

—

Oiseaux de proie diurnes.

Les oiseaux de proie diurnes ont les yeux dirigés sur les côtés, le plumage serré, les pennes fortes et le vol très-puissant.

A cette famille appartiennent les vautours et les faucons.

LES VAUTOURS (*Vultur*, Lin.)

Ont, en partie, la tête et le cou privés de plumes; leurs yeux sont placés à fleur de tête; leur bec allongé, droit à la base, ne présente de courbure qu'à l'extrémité.

Principales espèces :

Le *Vautour fauve* (*Vultur fulvus*, Gmel.) ;

brun-fauve, un collier de plumes blanches au bas du cou ; le ventre blanchâtre dans l'adulte. Le vautour fauve habite les hautes montagnes de l'Europe ; on le trouve aussi dans le mont Atlas en Afrique.

Le *Condor* (*Vultur gryphus*, Lin.); le plumage généralement noirâtre ; les pennes des ailes marquées de bandes blanches ; un collier blanc au bas du cou ; la tête surmontée d'une caroncule charnue. Les mâles ont, en outre, deux appendices nommés *barbillons* qui leur pendent sous le bec ; la femelle est privée de caroncules, son plumage est d'un gris-brun uniforme.

Le condor habite les plus hautes montagnes de l'Amérique méridionale.

Le *Lœmmer-geyer* ou *Vautour des agneaux* (*Vultur barbatus*, Gmel.); le dos noirâtre avec une ligne blanche sur le milieu de chaque plume ; le cou et tout le dessus du corps d'un fauve doré ; la tête entourée d'un cercle noir ; une moustache noire de chaque côté de la mandibule inférieure. Cette espèce, assez rare, habite les montagnes élevées de l'ancien continent ; elle forme aujourd'hui un genre distinct des vautours sous le nom de *Griffon* (*Gypaetes*, Storr.) ; sa tête, son cou et ses pattes sont revêtus de plumes.

LES FAUCONS (*Falco*, Lin.)

Ont la tête et le cou revêtus de plumes ; leurs yeux sont enfoncés par suite de la saillie que forment leurs arcades orbitaires. Les faucons se nourrissent généralement de proie vivante ; on les divise en deux sections, savoir : les *oiseaux de proie nobles*, ainsi appelés parce qu'on les dressait facilement à cette chasse dont les règles constituaient jadis l'art de la fauconnerie, et les *oiseaux de proie ignobles*, comprenant ceux qui se montraient rebelles à ce genre d'éducation.

A la première section appartiennent :

Les Faucons proprement dits (*Falco* Bechstein), caractérisés par leur bec courbe dès la base, et dentelé de chaque côté de la pointe : la seconde penne de leurs ailes est la plus longue de toutes. Ces oiseaux sont très-courageux.

Principales espèces :

Le *Faucon ordinaire* (*Falco communis*, Gmel.); le plumage varié de blanc, de roux et de brun; une moustache noire triangulaire sur chaque joue. Le faucon ordinaire habite le nord de l'Europe; c'est l'espèce autrefois recherchée pour les chasses royales.

La *Crécerelle* (*Falco tinnunculus*, Lin.), ainsi nommée de son cri aigre; rousse, tachetée de noir en dessus; blanche, tachetée de brun en dessous.

La crécerelle n'est pas rare en France; elle niche dans les masures et les vieilles tours.

La seconde section renferme un plus grand nombre de genres que la première; la quatrième penne de leurs ailes est ordinairement la plus longue, la première penne est très-courte; leur bec, sans dentelures, n'offre qu'un léger feston vers la pointe. Les genres de cette section les mieux caractérisés sont : les aigles, les autours, les buses et les messagers ou secrétaires.

LES AIGLES (*Aquila*, Briss.)

Ont le bec fort, droit à la base, et courbe seulement vers la pointe. Les aigles proprement dits (*Aquila*, Cuv.) ont la jambe emplumée jusqu'aux doigts, et les ailes aussi longues que la queue; tel est :

L'*Aigle commun* (*Aquila fulvus*); le plumage brun, l'occiput fauve, la moitié supérieure de la queue blanche, le reste noir. Cette espèce n'est pas rare dans les montagnes en France.

LES AUTOURS (*Astur*, Bechst.)

Ont les ailes plus courtes que la queue ; leur bec est courbe dès la base.

Principales espèces de France :

L'*Autour ordinaire* (*Astur palumbarius*) ; brun dessus, blanc, varié de brun dessous ; cinq bandes noirâtres sur la queue, les sourcils blanchâtres. Dans les montagnes du second ordre.

L'*Épervier commun* (*Astur nisus*) ; une tache blanche à la nuque, des taches noirâtres, longitudinales sous la gorge, transversales sur les autres parties ; rectrices gris cendré, marquées de cinq bandes d'un cendré noirâtre ; le dos bleuâtre chez le mâle, gris chez la femelle.

LES BUSES (*Buteo*, Bechst.)

Ont les ailes longues et le bec courbe dès

la base; l'intervalle entre le bec et les yeux est privé de plumes.

Nous en avons deux espèces, ce sont :

La *Buse patrue* (*Buteo lagopus*), ainsi nommée parce que ses jambes sont emplumées jusqu'aux doigts; son plumage est irrégulièrement mélangé de brun, de blanc et de fauve.

La *Buse commune* (*Buteo communis*); le dos brun, le ventre blanc, tacheté de brun.

Ces deux espèces habitent les forêts; elles fondent du haut des arbres sur leur proie, et détruisent beaucoup de gibier.

LES MESSAGERS OU SECRÉTAIRES (*Serpenta-rius*, Cuv.)

Sont remarquables surtout par l'extrême longueur de leurs tarses. Cette disposition les a fait longtemps regarder comme des échassiers ; mais leurs jambes, entièrement couvertes de plumes, les distinguent suffisamment des oiseaux réunis dans cet ordre ; leur bec et leurs ongles crochus justifient la place qui leur est assignée parmi les oiseaux de proie.

On n'en connaît qu'une espèce, originaire d'Afrique, où elle détruit un grand nombre de serpents, c'est :

Le *Secrétaire d'Afrique* (*Serpentarius Africanus*) ; son plumage est d'un gris-cendré ; il porte à l'occiput de longues plumes roides, couchées et pendantes, qui lui ont mérité le nom significatif de secrétaire. On a tenté de l'introduire à la Martinique et de l'opposer aux trigonocéphales fer-de-lance qui désolent cette île.

Deuxième famille.

—

Oiseaux de proie nocturnes.

Les oiseaux de proie nocturnes s'éloignent des oiseaux de proie diurnes par la grosseur de leur tête, par la brièveté de leur cou ainsi que par leurs yeux dirigés en avant et toujours environnés d'un cercle de plumes étroites sous lesquelles se perd la cire du bec. Leurs pupilles jouissent d'une propriété remarquable ; sous l'influence de la lumière solaire, elles se contractent et prennent une forme elliptique de même que celles des chats et des renards ; leur excitabilité est telle que le grand jour les blesse ; aussi les oiseaux de proie nocturnes, tant que le soleil demeure sur l'horizon, restent-ils en repos cachés dans des lieux obscurs qu'ils n'abandonnent qu'aux approches du crépuscule. Leur vol est faible; leurs plumes, à barbes molles et peu serrées, ne font entendre qu'un léger frôlement lorsqu'elles frappent l'air; leur doigt externe se dirige à volonté en avant et en arrière.

G. Cuvier divise les oiseaux nocturnes en plusieurs sous-genres d'après la présence ou l'absence d'aigrettes céphaliques, d'après la grandeur et la forme des oreilles, et d'après l'étendue relative des plumes circulairement groupées qui environnent les yeux.

A la famille des oiseaux de proie nocturnes appartiennent les hibous, les chats-huants et les effraies.

LES HIBOUS (*Otus*, Cuv.)

Ont sur la tête deux aigrettes latérales qu'ils relèvent à volonté; leurs pattes sont couvertes de plumes jusqu'aux ongles.

Principale espèce :

Le *Hibou commun* (*Otus communis*); le plumage d'un fauve-clair varié de taches longitudinales brunes; ses ailes et son dos sont vermiculés de brunâtre; sa queue est interrompue de huit ou neuf bandes transversales obscures.

Cette espèce habite en France dans les bois épais ou dans les vieux édifices.

LES CHATS-HUANTS (*Syrnium*, Savig.)

Diffèrent du genre précédent par l'absence d'aigrettes. Nous en avons une espèce dans nos bois, c'est :

Le *Chat-huant des bois* ou *la Hulotte* (*Syrnium sylvestre*); son plumage, grisâtre dans les mâles, roussâtre dans les femelles, est couvert de taches longitudinales brunes qui, vers les flancs, prennent une direction transverse; leurs ailes sont marquées antérieurement de taches irrégulières blanchâtres.

LES EFFRAIES (*Strix*, Savig.)

Manquent aussi d'aigrettes céphaliques ; leur bec. allongé ne se courbe que vers le bout ; leurs jambes sont emplumées et leurs doigts velus.

C'est à ce genre qu'il faut rapporter :

L'*Effraie commune* (*Strix flammea*, Lin.), sur laquelle on a débité des fables si étranges. La teinte générale de son plumage varie entre le brun et le fauve; son dos est piqueté de taches blanches, placées entre deux points noirs; son ventre, tantôt fauve, tantôt blanchâtre, offre souvent des mouchetures brunes.

L'effraie commune habite les tours, les clochers, les vieilles murailles ; dans certains pays, le vulgaire regarde encore son apparition comme un présage de mort.

2ᵉ ORDRE DES OISEAUX.

LES PASSEREAUX.

—

L'ordre des *passereaux*, le plus nombreux de toute la classe, renferme les espèces ornithologiques chez lesquelles le doigt externe et le doigt médius sont juxtaposés dans un même repli de la peau, et semblent, au premier abord, ne former qu'un seul doigt bifide. Les passereaux vivent presque tous en société ; un grand nombre se nourrissent de graines et de fruits ; ceux qui ont le bec effilé préfèrent les insectes : quelques-uns vont à la chasse des petits oiseaux. Cet ordre peut être groupé en deux sections d'après la seule considération des pieds ; la conformation du bec sert principalement à distinguer les familles et les genres.

La première section se compose des passereaux dont le doigt externe est réuni au doigt médius par une ou deux phalanges : de là, le nom d'*hémisydactyles* que nous donnons à ces oiseaux. La seconde section comprend les passereaux chez lesquels les doigts externe et médius sont accolés l'un à l'autre dans toute leur étendue : on peut les désigner sous le nom de *panydactyles*.

PREMIÈRE SECTION.

Les Hémisydactyles

Sont divisés, par G. Cuvier, en quatre familles, savoir : les dentirostres, les fissirostres, les conirostres et les ténuirostres.

Première famille.

—

Les Dentirostres.

Les dentirostres comprennent les passereaux dont les côtés du bec sont échancrés vers la pointe; presque tous se nourrissent d'insectes et de fruits.

Cette famille réunit un grand nombre de genres; les principaux sont : les pies - grièches, les gobe - mouches, les merles, les loriots, les lyres et les becs-fins.

LES PIES–GRIÈCHES (*Lanius*, Lin.)

Ont le bec fort, comprimé et crochu à son extrémité. Leur appétit pour la chair les a fait associer aux oiseaux de proie par certains naturalistes ; mais d'après l'ensemble de leurs caractères, il semble plus rationnel de les placer à la tête des passereaux comme établissant une transition naturelle entre ces deux ordres. Les pies - grièches vivent en famille ; leur vol, inégal et précipité, est accompagné de cris aigus ; elles nichent sur les arbres, pondent cinq à six œufs, et prennent un tel soin de leurs petits, qu'elles attaquent avec courage les oiseaux de proie qui les approchent de trop près : les buses et la crécerelle paraissént les éviter avec soin.

Principales espèces :

La *Pie-grièche commune* (*Lanius excubitor*, Lin.) ; le plumage gris-cendré, la queue, les ailes et le bord de l'œil noirs.

L'*Écorcheur* (*Lanius collurio*, Gmel.) ; moindre que la pie-grièche commune ; elle en diffère surtout par la couleur fauve de son manteau.

Ces deux espèces se trouvent en France ;
elles ont le singulier instinct d'enfiler les insectes aux épines des buissons, pour les re-
trouver au besoin et s'en nourrir à l'aise.

LES GOBE - MOUCHES (*Muscicapa*, Lin.)

Ont le bec déprimé ; la base du bec est
garnie de poils, la pointe en est crochue ;
leurs mœurs se rapprochent de celles des
pies-grièches.

Deux espèces de ce genre habitent la France
pendant l'été, ce sont :

Le *Gobe-Mouche gris* (*Muscicapa grisola*,
Gmel.) ; gris dessus, blanchâtre dessous ; la
poitrine marquée de petites taches grisâtres.
Il niche dans les buissons. Dans certaines contrées, on l'élève dans les appartements pour
détruire les mouches.

Le *Gobe-Mouche à collier* (*Muscicapa al-
bicollis*, Temminck) ; noir en dessus, blanc

en dessous, avec un collier de même couleur ; l'hiver, il ressemble à la femelle, dont le plumage est d'un gris presque uniforme. Cette espèce niche dans les troncs d'arbres.

LES MERLES (*Turdus*, Lin.)

Ont le bec comprimé et arqué ; la pointe n'en est pas crochue. Les merles, plus frugivores que les pies-grièches et les gobe-mouches, sont d'excellents chanteurs ; on les distingue en *merles proprement dits* et en *grives*.

Les merles proprement dits comprennent les espèces dont les couleurs sont uniformes ou distribuées par grandes masses.

A ce groupe doit être rapporté :

Le *Merle commun* (*Turdus merula*, Lin.). Le mâle est entièrement noir, à l'exception du bec, qui est jaune ; la femelle est roussâtre. Cette espèce vit par couples solitaires.

Un préjugé vulgaire regarde comme impossible l'existence de merles blancs ; ce préjugé est une erreur. Le merle, comme tous les autres oiseaux, peut être affecté d'*albinisme* partiel ou général ; toutefois, cette dégénérescence morbide, qui s'annonce par la blancheur extraordinaire du plumage, est fort rare chez ces oiseaux.

On donne le nom de grives aux espèces à plumage grivelé, c'est-à-dire marqué de petites taches noirâtres.

Principales espèces :

La *Grive ordinaire* (*Turdus musicus*, Lin.) ; le plumage gris-brun, le dessous des ailes jaune. C'est l'espèce qui chante la première au printemps. Ces oiseaux se réunissent par troupes à l'automne et au printemps, et se nourrissent alors des fruits du gui et du genévrier ; leur chair est très-estimée.

La *Dranne* (*Turdus visciuorus*, Lin.) ;

beaucoup plus grosse que la grive ordinaire; le dessous des ailes blanc. Ces deux espèces se trouvent communément en France.

LES LORIOTS (*Oriolus*, Lin.)

Se rapprochent des merles par leur genre de nourriture et par leur bec qui, toutefois, est plus long ; mais ils en diffèrent par leurs pieds courts et leurs ailes proportionnellement plus longues.

Nous en avons une espèce, c'est :

Le *Loriot d'Europe* (*Oriolus galbula*, Lin.); le mâle est d'un jaune vif, ses ailes et sa queue sont noires; la femelle est d'un gris olivâtre.

Les loriots d'Europe sont des oiseaux voyageurs qui viennent pondre chez nous dans le mois de mai et nous quittent en septembre; leur nid, suspendu entre deux branches d'arbres, ressemble extérieurement à un hamac.

L'éducation des petits terminée, les loriots vivent en troupes peu nombreuses.

LES LYRES (*Mœnura*, Shaw),

Sont de gros oiseaux assez semblables à des poules. Ils doivent leur nom à la forme de leur queue, dont les deux pennes extérieures, dans le mâle, sont courbées comme les branches d'une lyre ; les pennes intermédiaires, à barbes lâches et effilées, en figurent assez bien les cordes ; la queue de la femelle n'atteint pas ce développement.

On n'en connaît qu'une seule espèce, c'est

La *Lyre de la Nouvelle-Hollande* (*Mœnura Novæ - Hollandiæ*, Lath.) ; le plumage brun-grisâtre ; elle habite les endroits rocailleux de la Nouvelle-Hollande.

LES BECS-FINS (*Motacilla*, Lin.)

Constituent l'un des genres les plus nombreux de la famille des dentirostres ; on les reconnaît à leur bec droit et effilé comme un poinçon. C'est parmi eux que l'on trouve les meilleurs oiseaux chanteurs ; une grande partie habite la France, mais ils nous quittent presque tous aux approches de la saison rigoureuse ; ils vivent d'insectes et de vers de terre.

Dans ces derniers temps, les becs-fins ont été divisés en plusieurs tribus, mais les caractères qui les différencient sont à peine sensibles. C'est à ce groupe qu'il faut rapporter les fauvettes, les roitelets et les hochequeue.

LES FAUVETTES (*Curruca*, Bechstein)

Ont le bec grêle et un peu comprimé vers la pointe. A cette tribu appartiennent les espèces désignées sous les noms de *Fauvette des roseaux* (*Curruca salicaria*), *Fauvette à tête noire* (*Curruca atricapilla*), *Fauvette rousserolle* (*Currucca arundinacea*), etc. C'est encore aux fauvettes qu'il faut réunir le *Ros-*

signol (*Curruca luscinia*), brun - roussâtre dessus, gris-blanchâtre dessous, du roux plus vif sur la queue; ses chants se font entendre surtout la nuit, et seulement à l'époque des amours.

LES ROITELETS (*Regulus*, Cuv.)

Se distinguent des fauvettes par un bec plus grêle, plus pointu, et un peu déprimé vers la pointe.

L'espèce connue en France sous le nom de

Roitelet (*Regulus communis*), a le plumage olive sur le dos et blanc-jaunâtre en dessous; le mâle a la tête ornée d'une aigrette jaune mêlée de rouge. C'est le plus petit des oiseaux d'Europe.

LES HOCHEQUEUE (*Motacilla*, Bechst.)

Sont caractérisés par leur queue, qu'ils re-

lèvent et abaissent continuellement en marchant ; leurs plumes scapulaires, extrêmement
longues, viennent se croiser sur le bout de
l'aile repliée. Ils vivent au bord des eaux et
parmi les troupeaux.

Ce genre renferme, entre autres espèces :

La *Lavandière cendrée* (*Motacilla cinerea*,
Lin.);

La *Bergeronnette de printemps* (*Motacilla
flava*, Lin.);

Et la *Farlouse* (*Anthus pratensis*, Bechst.).
Cette dernière s'éloigne des hochequeue par
ses scapulaires, qui n'atteignent qu'une longueur ordinaire. Elle se rapproche des alouettes
par l'ongle de son pouce. Bechstein en a fait le
genre *Anthus*.

Deuxième famille.

—

Les Fissirostres.

La seconde famille des hémisydactyles, celle des *fissirostres*, est peu nombreuse ; elle se distingue par un bec court, large, déprimé, crochu à l'extrémité, sans échancrure, et fendu très-profondément. Ce dernier caractère, auquel le nom de fissirostres est emprunté, leur permet d'engloutir les insectes qu'ils poursuivent au vol ; leur régime, exclusivement insectivore, les range parmi les oiseaux voyageurs, aussi nous quittent-ils pendant l'automne. On les divise en fissirostres diurnes et en fissirostres nocturnes.

Aux fissirostres diurnes appartient le genre

HIRONDELLE (*Hirundo*, Lin.),

Caractérisé par un plumage serré, par la

longueur extrême des ailes et par la rapidité du vol. Ce genre comprend les *Martinets* et les *Hirondelles proprement dites*.

LES MARTINETS (*Cypselus*, Illig.)

Ont le pouce dirigé en avant comme les trois autres doigts ; leurs ailes sont plus longues, à proportion, que celles des autres oiseaux ; leurs pieds sont très-courts.

Nous en avons une espèce en France, c'est :

Le *Martinet commun* (*Cypselus communis*); le plumage noirâtre, la gorge blanche.

Ces oiseaux poursuivent leur proie par troupes nombreuses, et en jetant des sifflements aigus ; ils arrivent tard dans nos climats et nous quittent de bonne heure.

LES HIRONDELLES PROPREMENT DITES (*Hirundo*, Cuv.)

Ont les doigts comme les autres passereaux

dentirostres; toutefois, le pouce montre encore une certaine tendance à se diriger en avant.

Quelques espèces ont les pieds revêtus de plumes jusqu'aux doigts, telle est :

L'*Hirondelle des fenêtres* (*Hirundo urbica*, Lin.); noire dessus, blanche dessous et au croupion. Tout le monde connaît l'art avec lequel elle construit son nid aux angles des fenêtres et sous le rebord des toits.

D'autres espèces ont les doigts nus, telles sont :

L'*Hirondelle de cheminée* (*Hirundo rustica*, Lin.), ainsi nommée du lieu de son habitation. Semblable à la précédente par la couleur générale de son plumage, elle en diffère par la couleur rousse de son front et de sa gorge, et par le cercle noir qui entoure sa poitrine.

L'*Hirondelle de rivage* (*Hirundo riparia*,

Lin.); le dos brun, le ventre blanc. Un grand nombre de naturalistes lui attribuent la faculté d'hiverner au fond des marais, mais les expériences tentées à ce sujet semblent contredire cette opinion. Frisch suspendit aux pattes d'une hirondelle de rivage un ruban teint de couleurs peu solides; l'année suivante l'oiseau fut retrouvé, et la coloration du ruban n'était que légèrement altérée. Cette espèce place son nid dans des trous au bord des eaux.

Les fissirostres nocturnes ne comprennent qu'un seul genre, celui des

ENGOULEVENTS (*Caprimulgus*, Lin.).

Les engoulevents ont le plumage obscur et léger des oiseaux de nuit; leurs yeux sont grands; leur bec, plus fendu que celui des hirondelles, est garni à la base de fortes moustaches; leurs doigts sont réunis à la base par une courte membrane.

Nous en avons une espèce en France, c'est :

Le *Crapaud volant* (*Caprimulgus europæus*, Lin.). Le plumage gris-brun, mêlé de brun noirâtre ; une bande blanche depuis le bec jusqu'à la nuque. Cet oiseau ne commence guère à voler que vers le crépuscule ; il niche dans les bruyères et les lieux arides ; il nous quitte à peu près vers le même temps que les hirondelles.

Troisième famille.

Les Conirostres.

Les *Conirostres* comprennent tous les passereaux à bec fort, plus ou moins conique et sans échancrure. Les genres de cette famille sont très-nombreux; les mieux caractérisés sont : les alouettes, les mésanges, les bruants, les moineaux, les gros-becs, les corbeaux et les oiseaux de Paradis.

LES ALOUETTES (*Alauda*, Lin.)

Se reconnaissent à l'ongle de leur pouce, qui est extrêmement allongé.

Parmi nos espèces de France on distingue :

L'*Alouette des champs* (*Alauda arvensis*, Lin.), brune dessus, blanchâtre dessous; le plumage tacheté de brun-noirâtre; les deux pennes externes de la queue sont blanches en dehors.

Cette espèce, connue à Paris sous le nom de *Mauviette*, s'élève perpendiculairement à une grande hauteur, en chantant avec force et variété.

L'*Alouette huppée* (*Alauda cristata*, Lin.), plus grosse que la précédente; elle en diffère surtout par les plumes de sa tête, qu'elle peut relever à volonté.

LES MÉSANGES (*Parus*, Lin.)

Ont le bec court ; la base en est garnie de poils ; leurs narines sont recouvertes par les plumes. Ce sont de petits oiseaux très-vifs ; ils voltigent sans cesse sur les branches, et s'y suspendent dans tous les sens, comme les grimpereaux. Ils pondent, en général, une grande quantité d'œufs.

Nous en avons plusieurs espèces en France, savoir :

La *Mésange charbonnière* (*Parus major,* Lin.), olivâtre sur le dos, le ventre jaune, la tête et le cou noirs, une tache blanche sur chaque joue. Dans les bois et les vergers.

La *Mésange à tête bleue* (*Parus cœruleus,* Lin.), moindre que la précédente ; une calotte d'un bleu céleste sur la tête.

La *Nonette cendrée* (*Parus palustris*, Lin.); le plumage grisâtre, la tête ornée d'une ca-lotte noire.

LES BRUANTS (*Emberiza*, Lin.)

Diffèrent des conirostres précédents par leur mandibule supérieure, rentrant dans la mandibule inférieure, et surtout par le tubercule osseux qui fait saillie dans leur palais.

L'espèce la plus répandue en France est:

Le *Bruant commun* (*Emberiza citrinella*, Lin.); le dos fauve tacheté de noir, la tête et tout le dessous du corps d'un beau jaune; les quatre rectrices externes ont leur bord intérieur blanc.

C'est à ce genre qu'il faut rapporter:

L'*Ortolan* (*Emberiza hortulana*, Lin.), si recherché pour la saveur de sa chair. Son dos est brun-olivâtre; la couleur de sa gorge tire

sur le jaune ; le bord intérieur des deux rectrices externes est blanc. Cette espèce habite
particulièrement le midi de la France.

LES MOINEAUX (*Fringilla*, Lin.)

Ont le bec plus ou moins gros à la base ; sa
commissure n'est point anguleuse.

G. Cuvier divise les moineaux en plusieurs
sous-genres ; les mieux caractérisés sont : les
moineaux proprement dits et les chardon-
nerets.

LES MOINEAUX PROPREMENT DITS
(*Pyrgita*, Cuv.)

Ont le bec un peu bombé vers la pointe.
L'espèce la plus répandue en Europe est :

Le *Moineau domestique* (*Pyrgita familiaris*) ; le plumage brun, varié de gris et de
noir ; une raie blanche sur l'aile : le mâle a la
gorge noire et les côtés de la tête d'un beau
roux. C'est l'un des oiseaux les plus nuisibles

à l'agriculture par les dégâts qu'il cause dans les granges ; il est surtout très-commun auprès des pays cultivés.

LES CHARDONNERETS (*Carduelis*, Cuv.)

Ont le bec exactement conique et très-aigu vers la pointe.

Principale espèce :

Le *Chardonneret ordinaire* (*Carduelis Europœa*); brun dessus, blanchâtre dessous ; le masque d'un beau rouge ; une bande jaune sur l'aile.

Les espèces à plumage verdâtre sont comprises sous la dénomination générale de *tarins* ou *serins* ; c'est à ce sous-genre qu'il faut rapporter le *linot* (*Carduelis linaria*) et le *serin des Canaries* (*Carduelis Canaria*), dont le chant et les mœurs sont connus de tout le monde.

LES GROS-BECS (*Coccothraustes,* Cuv.)

Sont caractérisés, ainsi que l'exprime leur nom, par un bec conique très-développé proportionnellement à la grosseur de leur tête.

Nous en avons plusieurs espèces en France, parmi lesquelles il faut distinguer :

Le *Gros-bec commun* (*Coccothraustes solitarius*); le sommet de la tête et le dos bruns; la gorge noire ; le reste du plumage vineux ou gris roussâtre.

Le *Verdier* (*Coccothraustes chloris*); le plumage verdâtre ; les premières pennes des ailes jaunes sur leur bord antérieur ; le bord externe de la queue jaune.

LES CORBEAUX (*Corvus,* Lin.)

Ont le bec fort et comprimé; leurs narines sont recouvertes par des soies roides.

G. Cuvier les partage en plusieurs groupes

secondaires; les principaux genres sont : les corbeaux proprement dits, les pies et les geais.

LES CORBEAUX PROPREMENT DITS
(*Corvus*, Cuv.)

Ont l'arête de la mandibule supérieure arquée ; leur queue est arrondie.

Principales espèces :

Le *Corbeau ordinaire* (*Corvus corax*, Lin.); le plumage noir et à reflets métalliques.

La *Corneille mantelée* (*Corvus cornix*, Lin.); le plumage d'un cendré clair; la tête, les ailes et la queue noires.

Ces deux espèces sont répandues dans toute l'Europe ; vers la fin de l'automne, elles se rassemblent en grandes troupes et se rapprochent des lieux habités.

LES PIES (*Pica*, Cuv.)

Diffèrent des corbeaux proprement dits par leur queue longue et étagée.

La principale espèce de ce genre,

La *Pie d'Europe* (*Pica loquax*), a le plumage soyeux, orné de reflets métalliques : son ventre est blanc ; une grande tache de même couleur distingue ses ailes. La pie se nourrit ordinairement de graines, d'insectes et de fruits ; mais quelquefois elle attaque le menu gibier. On connaît le singulier instinct qui la porte, à l'état de domesticité, à dérober les objets brillants qu'elle rencontre.

LES GEAIS (*Graculus*, Cuv.)

Ont le bec terminé par une courbure subite ; leur queue est courte ; leur tête est surmontée d'une crête qu'ils relèvent à volonté.

Nous en avons une espèce en France, c'est

Le *Geai ordinaire* (*Graculus glandarius*);
le plumage d'un roux vineux ; les pennes et
les moustaches noires; une tache de bleu
céleste rayée de bleu noirâtre à la base des
ailes. Dans tous les bois.

LES OISEAUX DE PARADIS (*Paradisæa*, Lin.)

Ont le bec fort et comprimé des corbeaux ;
les plumes qui couvrent leurs narines ont
l'apparence du velours ; celles des flancs acquièrent un développement considérable. Le
nom d'oiseaux de paradis leur vient de ce que
le vulgaire a cru longtemps qu'ils manquaient
de pieds et qu'ils vivaient dans les régions de
l'air ; on sait aujourd'hui que les naturels de
la côte de Guinée leur coupaient les pieds
avant de les vendre aux Européens.

Les espèces les plus recherchées pour leur
plumage, sont :

Le *Paradis émeraude* (*Paradisæa apoda*,
Lin.); le ventre et le dos roux, la gorge verte,

la tête jaune; dans le mâle, les plumes des flancs sont très-longues et retombent en gerbes jaunâtres.

Le *Six-filets* (*Paradisœa sexsetacea*, Lin.); le plumage généralement noir; de chaque côté de la tête trois longs filets terminés par une palette de barbes d'un vert doré; les plumes de la poitrine sont nuancées de reflets métalliques.

Quatrième famille.

—

Les Ténuirostres.

La quatrième famille des passereaux comprend tous les hémisydactyles dont le bec grêle, tantôt droit, tantôt arqué et toujours sans échancrure, est généralement plus long que la tête. Elle renferme, entre autres genres, les grimpereaux, les colibris et les huppes.

LES GRIMPEREAUX (*Certhia*, Lin.)

Sont ainsi nommés parce qu'ils grimpent sur les arbres à la manière des oiseaux grimpeurs ; leur bec est arqué , leurs rectrices sont usées et finissent en pointe.

La France en possède une espèce , c'est

Le *Grimpereau d'Europe* (*Certhia familiaris*, Lin.) ; le plumage brun, moucheté de blanchâtre, la queue rousse. Dans les bois et les vergers.

LES COLIBRIS (*Trochilus*, Lin.),

De tous les oiseaux les plus remarquables par leur petitesse et l'éclat métallique de leur plumage, ont le bec long, la langue bifurquée, extensible, les pieds courts, les ailes longues, très-aiguës, et la queue large : leur vol est aussi puissant que celui des martinets.

Tous habitent l'Amérique et principalement le Brésil ; ils se nourrissent d'insectes qu'ils vont chercher jusqu'au fond des fleurs ; leur nid est construit avec beaucoup d'art.

Lacépède divise ce genre en colibris proprement dits et en oiseaux-mouches.

Les *Colibris proprement dits* (*Trochilus,* Lacép.) ont le bec arqué et sont généralement plus grands que les oiseaux-mouches ; ces derniers (*Orthorynchus,* Lacép.) ont le bec droit et un peu renflé à son extrémité.

LES HUPPES (*Upupa*, Lin.)

Ont le bec très-long et légèrement arqué ; leur tête est ornée d'une double rangée de plumes que des muscles spéciaux abaissent et relèvent suivant les positions variées de l'oiseau.

Nous en avons une espèce en France, c'est

La *Huppe commune* (*Upupa epops*, Lin.) ;

le plumage d'un roux vineux, les ailes et la queue noires rayées transversalement de blanc; les plumes de la tête qui forment aigrette sont marquées de noir à leur extrémité.

La huppe, dans nos climats, émigre comme les hirondelles; son arrivée en Afrique annonce aux Egyptiens la retraite des eaux du Nil.

DEUXIÈME SECTION.

Les Panidactyles.

La seconde section des passereaux se compose de tous les oiseaux dont le doigt externe est réuni au doigt médius dans toute sa longueur; elle ne comprend qu'un seul groupe, dont les principaux genres sont les martins-pêcheurs et les calaos.

LES MARTINS-PÊCHEURS (*Alcedo*, Lin.)

Ont la tête moins longue que le bec ; celui-ci est droit, anguleux et pointu ; les pieds, les ailes et la queue sont très-courts.

Les martins-pêcheurs vivent au bord des eaux ; ils se nourrissent de petits poissons qu'ils guettent et sur lesquels ils fondent du haut d'une branche.

L'espèce d'Europe, commune à la France, est :

Le *Martin-pêcheur ordinaire* (*Alcedo hispida*, Lin.); le dessus du corps d'un vert obscur, le dessous d'un vineux roussâtre ; une tache bleue d'aigue marine le long du dos ; la tête ornée de bandes transverses d'un vert noirâtre et de bleu céleste. Le martin-pêcheur vit par couples solitaires, et pond néanmoins six à huit œufs : c'est l'alcyon des anciens.

LES CALAOS (*Buceros*, Lin.)

Sont de gros oiseaux exotiques, qui n'ont

de commun avec les martins-pêcheurs que la réunion totale du doigt externe au doigt médius ; leur énorme bec dentelé, et surmonté de proéminences, lés distingue facilement de tous les autres passereaux.

3e ORDRE DES OISEAUX.

LES GRIMPEURS.

—

Le nom de *Grimpeurs* pourrait s'appliquer indistinctement à tous les oiseaux qui grimpent aux arbres pour y chercher leur nourriture, puisque certains passereaux, comme les mésanges, les grimpereaux, jouissent de cette propriété ; mais on réserve la dénomination spéciale de grimpeurs aux oiseaux dont le doigt externe se dirige en arrière comme le pouce, conformation toute particulière qui

leur donne un appui plus solide, et fait équilibre à la position verticale du corps.

Les grimpeurs ont le vol médiocre ; ils
vivent d'insectes et de fruits. On les divise en
deux sections ; la première se compose des
grimpeurs qui ont le bec grêle : tels sont les
pics, les torcols et les coucous.

LES PICS (*Picus*, Lin.)

Sont des oiseaux grimpeurs par excellence ;
continuellement suspendus au tronc des arbres, ils s'y cramponnent dans tous les sens.
Leur bec, anguleux à la base, cunéiforme à
la pointe, se distingue par sa rectitude et sa
dureté ; l'oiseau s'en sert pour frapper le tronc
des arbres, et obliger les insectes à quitter les
anfractuosités de l'écorce ; il en répète les
coups avec tant de force, que la forme de son
crâne s'en trouve modifiée ; la langue des
pics, très-allongée et très-exsertile, en vertu
d'un mécanisme spécial, qui la projette et la

retire comme un dard bridé, est terminée par un tubercule pointu; la face supérieure de cet organe est hérissée d'épines recourbées en arrière; leur queue, composée de pennes roides, leur sert d'arc-boutant lorsqu'ils grimpent, aussi est-elle usée à son extrémité. Toutes les espèces de ce genre ont un air de famille bien tranché; leur cri est aigre, leur vol lourd et saccadé; elles vivent solitaires.

Parmi les espèces de France, il faut citer:

Le *Pic-Vert* (*Picus viridis*, Lin.), dont le plumage, verdâtre en dessus, d'un beau jaune vers la queue, passe au jaunâtre sous l'abdomen; les plumes de la tête sont terminées par une tache d'un beau rouge;

Le *Pic-Épeiche* (*Picus major*, Lin.); le dos varié de noir et de blanc; l'anus et l'occiput rouges.

Le pic-vert et le pic-épeiche habitent les bois de plaines.

LES COUCOUS (*Cuculus*, Lin.)

Ont le bec arrondi à la base et légèrement arqué ; leur queue est longue. Les coucous sont polygames ; mais, contradictoirement à tous les faits observés dans l'histoire ornithologique, c'est la femelle qui a besoin de plusieurs mâles.

L'espèce commune en France est

Le *Coucou d'Europe* (*Cuculus canorus*, Lin.) ; le plumage gris-cendré, le ventre blanchâtre, rayé transversalement de noir.

Tout le monde connaît le chant monotone du coucou. L'instinct qui porte la femelle à pondre dans les nids d'oiseaux insectivores étrangers à sa race, a rendu depuis longtemps cette espèce célèbre. En effet, la femelle du coucou d'Europe ne couve pas ses œufs ; mais elle choisit ordinairement un nid de fauvette ou de rouge-gorge, en dévore les œufs, y substitue le sien, puis l'abandonne. La fauvette, de retour à son nid, adopte cet œuf parasite, et prend soin du jeune coucou comme elle ferait à l'égard de ses propres petits. La cause de ce phénomène, unique dans l'histoire des oiseaux, n'est pas encore bien connue.

Le coucou d'Europe arrive en France vers les premiers jours d'avril, et nous quitte en septembre.

La seconde section comprend les grimpeurs dont le bec est renflé dès la base ; à cette division appartiennent les perroquets.

LES PERROQUETS (*Psittacus*, Lin.)

Ont le bec voûté ; leur langue charnue et terminée par un évasement arrondi leur rend aisée l'imitation de la voix humaine ; ils grimpent aux arbres en s'aidant à la fois des pieds et du bec : tous sont étrangers à l'Europe.

D'après la considération des plumes caudales et des plumes céphaliques, on divise les perroquets en plusieurs groupes, savoir : les

aras, les perruches, les kakatoës et les perroquets proprement dits.

LES ARAS (*Ara*, Kuhl.)

Ont la queue longue et étagée ; les parties
latérales de leur tête sont nues.

Principale espèce :

L'*Ara rouge* (*Ara macao*) ; le plumage d'un
rouge écarlate, les pennes des ailes d'un bleu
céleste, les couvertures inférieures et supérieures nuancées de jaune et de vert.

LES PERRUCHES (*Conurus*, Kuhl.)

Ont les parties latérales de la tête garnies
de plumes.

Quelques espèces de ce genre ont les deux
pennes du milieu de la queue plus longues
que les autres ; telle est notamment :

La *Perruche d'Alexandre* (*Conurus Alexan-*

dri), ainsi nommée parce que Alexandre le Grand l'apporta le premier en Europe; le plumage vert, une tache noire sur la gorge, un collier rouge sur la nuque..

Les *Kakatoës (Plyctolophus*, Vieillot) ont la tête surmontée d'une huppe qui s'abaisse et se relève au moyen de muscles particuliers; leur plumage est généralement blanc.

LES PERROQUETS PROPREMENT DITS (*Psittacus*)

Ne diffèrent du genre précédent que par leur tête privée de huppe.

L'espèce la plus répandue en France est

Le *Perroquet gris (Psittacus erythacus*, Lin.); le plumage d'un gris cendré, la queue rouge. Il apprend aisément à parler.

—

Suivant certains naturalistes modernes, l'ordre des grimpeurs ne formerait plus aujourd'hui qu'une troisième grande division des passereaux sous le nom de *zygodactyles*.

4e ORDRE DES OISEAUX.

LES GALLINACÉS.

—

Le quatrième ordre de la série ornithologique comprend les oiseaux désignés sous le nom de *gallinacés* par suite de leur affinité avec le coq domestique qui en réunit tous les caractères importants et en forme le type.

Les gallinacés ont la mandibule supérieure du bec convexe vers son milieu ; leurs narines sont recouvertes en partie par une pièce charnue ; leurs doigts, dentelés sur les bords, sont réunis à la base par une courte membrane.

Les oiseaux de cet ordre sont essentiellement granivores ; leur aspect est lourd, leurs ailes sont courtes ; ils vivent presque tous en polygamie, et, par une conséquence nécessaire, le mâle néglige la construction du nid et l'éducation des petits ; ces derniers sont généralement capables de chercher leur nourriture presque au sortir de l'œuf.

Les gallinacés forment un groupe très-naturel, dont les principaux genres sont : les paons, les dindons, les pintades, les faisans et les tétras. A leur tête doivent être rangés les pigeons qui, par leur structure anatomique, rattachent les gallinacés aux passereaux.

LES PIGEONS (*Columba*, Lin.)

Se distinguent par un bec grêle, flexible et recouvert à la base par une peau cartilagineuse dans laquelle s'ouvrent les narines ; leurs doigts sont franchement séparés jusque près du tarse.

Les pigeons vivent en monogamie ; le mâle et la femelle se partagent les soins de l'incubation ; ils dégorgent la nourriture dans le bec de leurs petits.

Les espèces les plus communes en France sont :

Le *Biset* (*Columba livia*, Briss.) ; le plumage d'un bleu ardoisé, le cou nuancé de couleurs variables et brillantes. Le biset est généralement regardé comme la souche de toutes nos races domestiques ; à l'état sauvage, il vit dans les roches. On en trouve dans les deux continents.

Le pigeon biset est celui qui exige le moins de dépenses dans une ferme, attendu qu'il va chercher sa nourriture dans les champs, mais aussi il est bien moins fécond que le pigeon de volière ; celui-ci pond à peu près tous les mois lorsqu'il est nourri avec des vesces, des criblures ou du sarrasin : dans plusieurs localités on le préfère au biset. Indépendamment de leur chair qui est très-estimée, les pigeons fournissent encore un engrais fort énergique, connu sous le nom de *colombine.*

Les pigeons réussissent partout; la seule précaution à prendre pour leur multiplication consiste à placer le colombier dans un lieu à l'abri de l'humidité et où les rats et les fouines ne puissent s'introduire.

Le *Ramier (Columba palumbus,* Lin.); le plumage gris-bleuâtre, la poitrine légèrement vineuse, une bande de même couleur près du bord de l'aile, deux taches blanches aux côtés du cou. Dans les bois.

La *Tourterelle (Columba turtur,* Lin.); le dos varié de noir et de brun, les côtés du cou vermiculés de noir et de blanc. Dans les bois. On élève communément en cage la *Tourte-relle à collier (Columba risoria,* Lin.), remar-quable par sa teinte blonde et le collier noir qu'elle porte au-dessous de l'occiput.

LES PAONS (*Pavo*, Lin.)

Ont la tête surmontée d'une aigrette ; les couvertures supérieures de la queue, chez le mâle, sont beaucoup plus allongées que les rectrices et peuvent s'épanouir en éventail sous l'influence de muscles particuliers : on dit alors que ces oiseaux font la *roue*.

Les paons sont originaires des Indes.

La principale espèce introduite en Europe par Alexandre le Grand et naturalisée dans nos fermes, est

Le *Paon domestique* (*Pavo cristatus*, Lin.); son plumage, d'un bleu céleste, est nuancé de vert ; les couvertures supérieures de sa queue sont parées de taches ocellées, multi-colores et à reflets dorés ; une aigrette de plumes élargies vers le bout décore sa tête. Il en existe des variétés blanches.

LES DINDONS (*Meleagris*, Lin.)

Ont les couvertures de la queue presque aussi longues que les rectrices et susceptibles de se relever, de s'étendre comme celles des paons; mais elles sont plus roides et plus courtes; leur bec est surmonté d'un appendice charnu qui se tuméfie dans les moments de passion; leur tête et leur cou sont nus et couverts d'une peau mamelonnée qui retombe en fanons sur la poitrine.

Les dindons, originaires d'Amérique, sont acclimatés en France depuis le xvi⁰ siècle.

Principale espèce :

Le *Dindon commun* (*Meleagris gallo-pavo*, Lin.); le plumage ordinairement noir, quelquefois varié de brun, de gris et de blanc; l'espèce sauvage en Amérique est d'un brun verdâtre, glacé de cuivré; le mâle se reconnaît au bouquet de crins qui lui pend au bas du cou; ses pattes sont armées d'un éperon, celles de la femelle en sont dépourvues.

Le dindon commun .est l'espèce répandue dans nos fermes; il n'exige de soins assidus que pendant sa première jeunesse.

Les dindonneaux étant très-sensibles au froid, il importe de les tenir dans un endroit chaud lorsqu'ils viennent d'éclore. Dans le premier âge, on les nourrit avec de la mie de pain mêlée avec des orties ou des œufs hachés très-menus. Chaque fois qu'il fait beau, on les laisse vaguer en plein air sous la conduite de leur mère; mais dès que la pluie menace ou que le jour touche à son déclin, il faut les faire rentrer : les jeunes dindons, en effet, redoutent beaucoup la pluie, notamment les pluies froides qui en font périr un grand nombre. Le moment où ils *prennent le rouge,* c'est-à-dire où leurs caroncules commencent à se développer, est pour eux une époque très-dangereuse; c'est surtout alors qu'il faut les tenir chaudement et leur donner une nourriture et une boisson fortifiantes : ce temps de crise passé, on peut les abandonner à eux-mêmes ; ils réussissent d'autant mieux qu'on les laisse en liberté dans un clos attenant à la ferme.

LES PINTADES (*Numida*, Lin.)

Ont la tête nue et les appendices cutanés qui caractérisent les dindons ; mais ils diffèrent génériquement de ces derniers par une queue pendante et courte qui ne s'étale pas en éventail, et par la forme gibbeuse de leur corps.

L'espèce aujourd'hui commune en France, la *Pintade ordinaire* (*Numida meleagris*, Lin.), est originaire d'Afrique, où elle vit en grandes troupes ; son plumage, d'un gris perlé, est agréablement moucheté de taches blanches. Elle réussit très-bien dans les basses-cours ; mais son naturel querelleur la rend très-importune aux autres volailles ; son chant criard et continuel est d'ailleurs insupportable. Sa chair est estimée.

LES FAISANS. (*Phasianus*, Lin.)

Ont les côtés de la tête nus et les plumes de la queue partagées en deux faisceaux qui s'appliquent obliquement l'un contre l'autre, de manière à former un double toit.

G. Cuvier les divise en plusieurs sous-genres : les mieux connus sont les faisans proprement dits et les coqs.

LES FAISANS PROPREMENTS DITS (*Phasianus*, Cuv.)

Se reconnaissent à leur queue longue ainsi qu'à leurs rectrices étagées et se recouvrant comme les tuiles d'un toit; leur tarse est armé d'un éperon court.

L'espèce acclimatée dans quelques-unes de nos forêts est le *Faisan ordinaire* (*Phasianus colchicus*, Lin.); le plumage mélangé de brun, de fauve, de bleu et de vert ; les plumes thoraciques bordées de noir ; les couleurs de la femelle sont moins vives.

Suivant l'illustre auteur du Règne animal, le phénix des anciens ne serait autre que le *Faisan doré* (*Phasianus pictus*, Lin.).

LES COQS (*Gallus*, Cuv.)

Diffèrent des faisans proprement dits par leur tête surmontée d'une crête charnue, par les barbillons qui leur pendent sous le bec, et par leur queue dressée verticalement sur deux plans adossés l'un à l'autre : les couvertures de la queue, dans le mâle, se courbent en arc sur les rectrices.

On n'en connaît qu'une seule espèce qui peuple toutes les basses-cours, c'est

Le *Coq* et la *Poule ordinaire* (*Gallus phasianus*) ; leur plumage, altéré par la domesticité, subit des variations individuelles très-

nombreuses : chez quelques individus, la crête
est remplacée par un bouquet de plumes dressées ; d'autres, comme les *poules anglaises*,
ont les pattes couvertes de plumes jusqu'aux
doigts ; certaines variétés, telles que les
poules russes, ont la queue et la crête très-
peu développées, tandis que leur corps et
leurs membres sont largement constitués ; tous
ont les tarses armés d'un éperon vigoureux
dont les coqs font usage dans les combats qu'ils
se livrent entre eux : dans certains pays, et
surtout en Angleterre, leur ardeur belli-
queuse est un objet de spéculation.

Cette espèce, généralement regardée
comme originaire de l'Inde, est l'objet d'une
branche spéciale d'industrie dans la plupart
des fermes qui avoisinent les grandes villes.
Leur éducation est très-simple. Un coq suffit
à dix ou douze poules ; celles-ci, bien nourries, donnent chacune environ cent vingt œufs
par année. Les poulets éclosent vers le ving-
tième jour de l'incubation. Pendant les pre-

miers jours de leur naissance, on les tient, avec leur mère, dans un lieu chaud sous une *cage à poule,* et on leur donne la même nourriture qu'aux dindonneaux. Lorsqu'ils commencent à prendre des forces, on leur distribue des criblures, des épluchures de salade, des pommes de terre cuites; plus tard, leur mère leur apprend à trouver leur nourriture parmi les fumiers de la basse-cour et des étables.

Cette espèce de volaille, toutes les fois qu'elle se trouve en juste proportion dans la ferme, donne des bénéfices satisfaisants; elle n'est coûteuse qu'autant que le nombre des poules est tel qu'il exige une grande consommation de grains.

Le meilleur procédé pour conserver les œufs, consiste à les plonger dans un lait de chaux, qui, recouvrant tous les pores de la coquille, empêche l'air d'agir sur les matières animales qu'elle renferme.

LES TÉTRAS (*Tetrao*, Lin.)

Sont caractérisés par une bande nue qui occupe la place des sourcils ; leur queue est généralement très-courte.

G. Cuvier divise les tétras en plusieurs sous-genres, dont les principaux sont : les coqs de bruyère, les lagopèdes, les perdrix et les cailles.

LES COQS DE BRUYÈRE (*Tetrao*, Latham)

Manquent d'éperons ; leurs jambes sont revêtues de plumes jusqu'aux doigts exclusivement.

Nous en avons trois espèces, savoir :

Le *grand Coq de bruyère* (*Tetrao urogallus*, Lin.) ; le plumage brun-ardoisé, nuancé de vert chez les mâles, fauve, marqué de rayures transversales noirâtres chez les femelles.

Le *Coq de bruyère à queue fourchue* (*Te-trao tetrix*, Lin.*)* ; le plumage plus foncé que dans l'espèce précédente ; l'aile tachetée de blanc près du bord, la queue bifurquée.

La *Gelinotte* (*Tetrao bonasis*, Lin.) ; le plumage varié de gris, de fauve et de noirâtre, une bande noire sur la queue : le mâle a la gorge noire et la tête surmontée d'une huppe faiblement prononcée.

Ces trois espèces habitent les montagnes boisées.

LES LAGOPÈDES (*Lagopus*, Cuv.)

Ont les jambes et les doigts revêtus de plumes.

Principale espèce :

Le *Lagopède ordinaire* (*Lagopus vulgaris*) ; le dos fauve et le ventre blanchâtre ; pendant l'hiver son plumage est tout blanc, à l'exception de la queue dont l'extrémité est noire.

Le lagopède ordinaire habite les hautes montagnes de la Suisse et des Pyrénées.

LES PERDRIX (*Perdix*, Briss.)

Ont les jambes nues ainsi que les doigts; les mâles sont armés d'éperons qui, parfois, sont réduits à de simples tubercules.

Nous en avons plusieurs espèces en France, savoir :

La *Perdrix grise* (*Perdix cinereus*), dont le plumage cendré est varié de brun sur le dos.

La perdrix grise se tient en général dans les champs; elle y vit par paires et paraît en compagnie vers le mois de juillet; ses sourcils deviennent rouges à la seconde année. Le mâle porte sur la poitrine une tache roussâtre en form e de fer à cheval.

La *Perdrix rouge* (*Perdix rufus*), dont

les ailes, de couleur rousse, sont mêlées de noir et de blanc; son bec et ses pieds sont rouges. Cette espèce se tient de préférence dans les bois et dans les landes d'ajoncs et de genêts.

LES CAILLES (*Coturnix*, Cuv.)

Ont la queue plus courte que celle des perdrix; leurs sourcils ne deviennent jamais rouges.

Tout le monde connaît la *Caille ordinaire* (*Coturnix migrans*), si célèbre par la délicatesse de sa chair et ses migrations ultra-méditerranéennes. Son dos est fauve, mêlé de noir; chacune de ses plumes est marquée d'une ligne jaunâtre. La caille ordinaire arrive en France vers la fin d'avril ou le commencement de mai, et nous quitte en septembre.

5ᵉ ORDRE DES OISEAUX.

LES ÉCHASSIERS.

—

Les *Échassiers* se reconnaissent à la hauteur de leurs jambes privées de plumes jusqu'au-dessus du tarse, ainsi qu'à la brièveté de leur queue. Ces caractères spéciaux leur permettent de traverser à gué les eaux peu profondes et d'y pêcher à l'aide de leur bec et de leur cou, dont la hauteur est toujours proportionnée à celle de leurs jambes. Les échassiers sont des oiseaux aquatiques ; ils se nourrissent de poissons, de reptiles et de vers. Pendant le vol, leur cou allongé fait équilibre aux pattes, qu'ils tiennent étendues, au contraire des autres oiseaux qui les replient sous le ventre. On les voit souvent en repos sur une seule jambe; cette habitude s'explique par la conformation anatomique de l'articulation qui unit le tarse à la jambe; l'extrémité supérieure de l'os tarsien est creusée en forme de cupule qui reçoit l'extrémité inférieure arrondie du tibia, de même que la tige d'un bilboquet retient la boule qu'on lui envoie.

G. Cuvier divise les échassiers en cinq familles, savoir : les brévipennes, les pressirostres, les cultrirostres, les longirostres et les macrodactyles.

—•••—

Première famille.

—

Les Brévipennes.

Les brévipennes sont caractérisés par la

brièveté de leurs ailes qui, réduites à l'état rudimentaire, ne peuvent les soutenir dans l'action du vol; leurs pieds sont privés de pouces; les muscles de leurs cuisses sont très-développés; leur sternum manque de cette arête qu'on observe chez tous les autres oiseaux.

A cette famille appartiennent les autruches.

LES AUTRUCHES (*Struthio*, Lin.)

Ont le bec aplati et mousse vers l'extrémité, les yeux grands, les paupières garnies de cils; les plumes des ailes sont lâches et très-flexibles.

Les autruches sont les plus gros oiseaux connus. La rapidité de leur course est telle, qu'elle surpasse la vitesse du meilleur cheval; elles l'accélèrent encore en agitant leurs ailes ou en les étendant à demi pour recevoir l'impulsion du vent. Les indigènes de certains pays se servent des autruches comme de montures.

L'espèce la plus anciennement connue est :

L'*Autruche de l'ancien continent* (*Struthio camelus*, Lin.), originaire d'Afrique ; le plumage noir dans le mâle, brun dans la femelle ; une partie des ailes et de la queue blanche. Ses œufs pèsent jusqu'à trois livres.

Deuxième famille.

Les Pressirostres.

Les pressirostres ont les ailes plus longues que les brévipennes ; certains genres manquent de pouce ; lorsque le pouce existe, il est si court, qu'il ne peut toucher à terre; leur bec est médiocre.

Les pressirostres se nourrissent de graines, de vers et d'insectes; les genres les mieux caractérisés sont : les outardes, les pluviers et les vanneaux.

LES OUTARDES (*Otis*, Lin.)

Ont la mandibule supérieure légèrement voûtée vers l'extrémité; leurs doigts sont unis à la base par une courte membrane semblable à celle des gallinacés; leurs pieds manquent de pouces.

Les outardes sont des oiseaux lourds et farouches, volant peu, mais courant très-vite à travers les plaines : on n'a pas encore pu les réduire en domesticité.

Nous en avons deux espèces en France :

La *grande Outarde* (*Otis tarda*, Lin.); le dos fauve, bariolé de noir, le reste du corps grisâtre : dans les mâles, les plumes latérales et supérieures du cou sont allongées en forme de moustaches.

La *petite Outarde* (*Otis tetrax*, Lin.), plus petite et plus rare que la précédente ; le ventre blanc, le dos varié de noir et de brun : le mâle porte deux colliers noirs sur son cou, qui est blanc.

LES PLUVIERS (*Charadrius*, Lin.)

Manquent de pouces ; leurs doigts sont unis à la base par une courte membrane ; leur bec est renflé à son extrémité ; leurs yeux sont très-grands.

Les pluviers sont des oiseaux de passage qui nous arrivent par bandes dans la saison des pluies : de là leur nom de pluviers ; ils vivent dans les fonds humides et frappent la terre de leurs pieds pour en faire sortir les vers dont ils se nourrissent. Quelques espèces vivent solitaires et par couples ; d'autres vivent en famille, et, dans ce cas, posent des sentinelles pour les avertir du danger.

G. Cuvier partage les pluviers en deux sous-genres : les œdicnèmes et les pluviers proprement dits.

LES OEDICNÈMES (*OEdicnemus*, Tem.)

Ont la tête moins longue que le bec, lequel est renflé en dessus et en dessous; la fosse nasale n'occupe en longueur que la moitié du bec.

Nous en avons une espèce en France, c'est :

L'*OEdicnème ordinaire* (*OEdicnemus crepitans*, Tem.); le plumage varié de fauve et de brun, le ventre blanc, un trait brun sous l'œil.

LES PLUVIERS PROPREMENT DITS (*Charadrius*, Cuv.)

Diffèrent des œdicnèmes par leur tête aussi

longue que le bec, lequel n'est renflé que supérieurement ; les fosses nasales occupent les deux tiers de la longueur du bec.

Parmi nos espèces de France, on distingue le *Pluvier doré* (*Charadrius pluvialis*, Lin.) ; le plumage noirâtre, pointillé de jaune, le ventre blanc.

LES VANNEAUX (*Vanellus*, Bechst.)

Ne diffèrent des pluviers, dont ils ont le bec, que par leur pied muni d'un pouce rudimentaire.

Principale espèce :

Le *Vanneau commun* (*Vanellus communis*) ; vert sur le dos, la poitrine noire, le ventre blanc, l'occiput orné d'une huppe longue et déliée.

Troisième famille.

—

Les Cultrirostres.

La famille des cultrirostres comprend les échassiers qui ont le bec gros, long, fort, ordinairement tranchant, et le cou très-allongé ; tous ont quatre doigts. On les partage en trois tribus, celle des grues, celle des hérons et celle des cigognes.

La première tribu ne comprend que le genre grue.

LES GRUES (*Grus*, Cuv.)

Ont le bec médiocrement fendu ; leurs jambes sont écussonnées, c'est-à-dire couvertes d'écailles larges, à diamètres inégaux ; leurs doigts externes sont peu palmés ; une partie de leur tête est ordinairement dénuée de plumes.

L'espèce la plus anciennement connue est :

La *Grue commune* (*Grus cinerea*, Bechst.) ; le plumage cendré, la gorge noire, l'occiput nu ; son croupion est orné de plumes longues et crépues.

Chaque automne, la grue commune émigre en troupes nombreuses du nord vers le midi, et repart au printemps pour les pays septentrionaux ; elle vit de graines, et surtout d'insectes et de vers que lui fournissent les contrées marécageuses.

A la seconde tribu appartient le genre héron.

LES HÉRONS (*Ardua*, Cuv.)

Ont le bec anguleux, très-pointu et fendu jusque sous les yeux, lesquels sont placés dans une peau nue ; leurs doigts externes sont réunis à la base par une courte membrane ; leurs jambes sont écussonnées.

L'espèce la plus répandue en France, au bord des rivières, est :

Le *Héron commun* (*Ardua major*, Lin.); le plumage cendré, les pennes des ailes noires, une huppe noire à l'occiput; la partie antérieure du cou blanche, semée de larmes noires, de longues plumes formant jabot sur la poitrine.

C'est l'espèce que l'on chassait autrefois avec le faucon.

La troisième tribu, caractérisée par un bec plus gros, plus large à la base, et par des palmures plus étendues que chez les hérons, comprend, entre autres genres, celui des cicognes.

LES CIGOGNES (*Ciconia*, Cuv.)

Ont la tête généralement emplumée; leurs jambes sont réticulées, c'est-à-dire revêtues d'écailles petites, à diamètres égaux.

Nous en avons deux espèces qui émigrent

chaque année, de même que la grue commune ; ces espèces sont :

La *Cigogne blanche* (*Ciconia alba*) ; le plumage blanc, les pennes des ailes noires, le bec et les pieds rouges. Dans certaines localités, les habitants de la campagne ont pour elle une vénération particulière, sans doute parce qu'elle poursuit et dévore les reptiles.

La *Cigogne noire* (*Ciconia nigra*) ; le ventre blanc, le reste du corps noirâtre.

Parmi les espèces étrangères, il faut distinguer les *Cigognes à sac* (*Ardea dubia*, Gmel.), caractérisées par un appendice cutané qui descend de leur cou. Les couvertures inférieures de la queue donnent les panaches légers et précieux connus dans le commerce sous le nom de marabous. On les trouve non loin de l'établissement français du Sénégal.

Quatrième famille.

—

Les Longirostres.

Les longirostres sont caractérisés par un bec long et grêle. Les oiseaux de cette famille ont à peu près le même port et les mêmes couleurs; aussi est-il très-difficile de les distinguer entre eux; les mieux caractérisés sont : les courlis, les bécasses et les avocettes.

LES COURLIS (*Numenius*, Cuv.),

Ainsi nommés de leur cri, ont le bec arqué; l'extrémité de la mandibule supérieure dépasse l'inférieure; leurs doigts sont réunis à la base par des palmures.

Nous en avons une espèce, c'est :

Le *Courlis d'Europe* (*Numenius arcuatus*); le plumage varié de noir et de fauve, le croupion blanc. Les courlis vivent par couples isolés dans les terrains marécageux; ils émigrent en grandes troupes.

LES BÉCASSES (*Scolopax*, Cuv.)

Ont le bec droit et légèrement renflé à l'extrémité, les pieds sans palmure, la tête comprimée, les yeux gros et placés fort en arrière; leur plumage est varié de brun, de fauve et de noir.

Nous en avons plusieurs espèces :

La *Bécasse commune* (*Scolopax rusticola*, Lin.); la jambe emplumée jusqu'au tarse; deux bandes transverses noires sur la tête. Pendant l'été, la bécasse habite les bois de montagne; elle descend vers l'automne dans les bois humides.

La *Bécassine* (*Scolopax gallinago*, Lin.); plus petite que la bécasse, le bec proportionnellement plus long ; deux bandes longitudinales noirâtres sur la tête. Cette espèce habite les marais et les prés inondés : elle jette un cri aigu en s'envolant.

LES AVOCETTES (*Recurvirostra*, Lin.)

Ont les doigts réunis par de larges membranes ; leur bec est fortement arqué dans toute son étendue, la pointe qui le termine se dirige vers le haut.

L'Europe en nourrit une espèce, c'est :

L'*Avocette ordinaire* (*Recurvirostra avocetta*, Lin.); à plumage blanc, une calotte noire sur la tête, et trois bandes noires sur les ailes. Elle habite surtout les rivages de la mer ; elle n'est pas rare en France.

Cinquième famille.

—

Les Macrodactyles.

Les macrodactyles sont caractérisés par leurs doigts toujours fort longs, tantôt simples, tantôt bordés : la plupart sont aquatiques.

Les espèces d'Europe ont été partagées en deux tribus : les râles et les foulques.

LES RALES (*Rallus*, Lin.)

Se rapprochent des bécasses par leur bec droit, grêle et plus long que la tête ; mais leurs doigts allongés les en distinguent facilement.

Nous en avons deux espèces en France :

Le *Râle d'eau* (*Rallus aquaticus*, Lin.) ; le

plumage d'un brun fauve, tacheté de noirâtre.
Il vit sur les étangs.

Le *Rale de genêt*, appelé par les chasseurs
Roi des cailles (*Rallus crex*, Lin.); le plumage
d'une couleur fauve plus vive et plus générale
que dans l'espèce précédente.

Le râle de genêt habite les prairies humides
ainsi que les trèfles et les luzernes ; il arrive
et émigre presque en même temps que les
cailles.

LES FOULQUES (*Fulica*, Lin.)

Se reconnaissent à leur bec qui se prolonge
en écusson sur le front. On peut les diviser
en foulques proprement dits et en poules
d'eau.

LES FOULQUES PROPREMENT DITES (*Fulica*, Briss.)

Ont le bec court et les doigts bordés par
une large membrane en feston.

Principale espèce :

La *Foulque ordinaire* (*Fulica atra*, Gmel.); le plumage noir-obscur. Très-commun dans les étangs.

LES POULES D'EAU (*Gallinula*, Briss.)

Diffèrent des foulques proprement dites par leurs doigts bordés d'une membrane étroite.

Nous en avons une espèce en France, c'est :

La *Poule d'eau commune* (*Gallinula chloropus*) ; le plumage brun-noirâtre ; une bande grisâtre sur le ventre ; une ligne blanche près du bord supérieur des ailes.

Dans les mares et les étangs.

6ᵉ ORDRE DES OISEAUX.

LES PALMIPÈDES.

—

Les *Palmipèdes* sont les oiseaux les mieux caractérisés de toute la série ornithologique par leurs membres postérieurs rejetés à l'arrière du corps et terminés par des doigts palmés. Un plumage serré, lubrifié par une espèce de vernis, et garni, près de la peau, d'un duvet épais, les rend imperméables à l'eau sur laquelle ils vivent; leur cou, par une exception unique chez les oiseaux, dépasse toujours la longueur des pieds et les aide ainsi à chercher leur nourriture au milieu de la vase tout en nageant à la surface de l'eau; leur palais est rude et garni d'aiguillons ; chez la plupart, le sens du toucher réside dans le bec, qui est revêtu d'une peau sensible.

Les palmipèdes sont répartis en quatre familles : les brachyptères ou plongeurs, les longipennes ou grands voiliers, les totipalmes et les lamellirostres.

Première famille.

Les Brachyptères.

Les brachyptères, ainsi que l'indique leur nom, ont les ailes extrêmement courtes ; leurs jambes sont placées plus en arrière que chez tous les autres palmipèdes, ce qui rend leur marcher très-pénible et les oblige à la station verticale lorsqu'ils sont à terre. Cette famille comprend trois genres : les plongeons, les pingouins et les manchots.

LES PLONGEONS (*Colymbus*, Lin.)

Ont le bec droit, lisse, comprimé et pointu ; d'après la considération de leurs pieds, G. Cuvier les subdivise en plusieurs sous-genres dont les principaux sont les grèbes et les plongeons proprement dits.

LES GRÈBES (*Podiceps*, Lath.)

N'ont pas de vraies palmures ; leurs doigts sont bordés d'une large membrane comme ceux des foulques ; les doigts antérieurs, seuls, offrent de petites membranes à leur base ; l'ongle du doigt médius est sensible- ment aplati.

Les grèbes vivent sur les lacs et les étangs du nord de l'Europe ; l'éclat et l'épaisseur de leur plumage les font rechercher comme fourrures.

LES PLONGEONS PROPREMENT DITS (*Colymbus,* Lath.)

Diffèrent des grèbes par leurs doigts antérieurs complétement palmés et munis d'ongles pointus.

Ils habitent les mers du Nord et nichent dans les lieux les plus sauvages.

LES PINGOUINS (*Alca,* Lin.),

Ainsi nommés de l'abondance de leur graisse, ont le bec comprimé, courbé en arc et creusé de sillons transverses très-profonds; leurs pieds, entièrement palmés, manquent de pouces. On les divise en macareux et en pingouins proprement dits.

LES MACAREUX (*Mormon,* Illig.)

Ont le bec très-comprimé, un peu moins long que l e tête et plus haut que long.

Nous en avons une espèce sur les bords de la Manche, c'est :

Le *Macareux moine (Mormon fratercula,* Tem.) ; la calotte et le manteau noirs, le dessous du corps blanc.

LES PINGOUINS PROPREMENT DITS *(Alca,* Cuv.)

Diffèrent des macareux par un bec plus allongé (autant et plus long que la tête); leur bec est couvert de plumes depuis la base jusqu'aux narines.

L'hiver, on voit quelquefois sur nos côtes occidentales

Le *Pingouin commun (Alca torda,* Gmel.); brun-noirâtre dessus, blanc pur dessous.

LES MANCHOTS *(Aptenodytes,* Forster)

N'ont pour ailes que de simples moignons inutiles au vol et revêtus de plumes écailleuses clair-semées; leur pouce, à peine rudimentaire, est dirigé en avant comme les autres doigts, lesquels sont réunis par une large membrane.

Ces oiseaux habitent exclusivement les mers du Sud; ils ne vont à terre que pour nicher.

Le type du genre, est :

Le *grand Manchot (Aptenodytes patagonica,* Gmel.) ; noir-cendré dessus, blanc dessous ; la tête noire, ainsi que le cou, qui est terminé par un plastron de couleur jaune-orangée.

Deuxième famille.

Les Longipennes ou grands voiliers.

Les longipennes ou grands voiliers se reconnaissent à leurs ailes d'une ampleur extrême; leur bec est crochu ou pointu suivant les genres; le pouce manque quelquefois.

La plupart des longipennes sont des oiseaux de haute mer que les navigateurs rencontrent loin des terres; ils vivent de poissons et s'éloignent rarement des zones qu'ils habitent de préférence.

Les principaux genres de cette famille sont: les pétrels, les albatros, les goëlands, les hirondelles de mer et les becs-en-ciseaux.

LES PÉTRELS (*Procellaria*, Lin.)

Ont le bec subitement crochu à l'extrémité, de telle sorte que ses mandibules semblent articulées; leurs narines, formées par deux tubes très-proéminents, s'ouvrent en un seul orifice sur la ligne médiane; le pouce est remplacé par un ongle implanté dans le talon.

Principale espèce :

Le *Pétrel tempête* (*Procellaria pelagica*, Briss.), ainsi nommé parce que son apparition sur les vaisseaux est un indice d'ouragan, bien que le ciel paraisse serein ; le plumage noirâtre, le croupion blanc, une ligne de même couleur sur les ailes.

LES ALBATROS (*Diomedea*, Lin.)

Ont le port massif ; leur bec, long et robuste, est terminé subitement par un crochet comme chez les pétrels ; leurs narines sont placées dans un sillon ouvert sur les côtés ; leurs pieds n'ont que trois doigts.

Les albatros habitent les mers australes ; l'espèce connue des navigateurs sous le nom de *Mouton du Cap*, *Vaisseau de guerre* (*Diomedea exulans*, Lin.), a le plumage blanc et les ailes noires.

LES GOELANDS (*Larus*, Lin.)

Ont le bec fortement comprimé ; la mandibule supérieure est arquée vers la pointe, l'inférieure est renflée et anguleuse ; le pouce est rudimentaire.

On les divise en deux sections : les plus grandes espèces retiennent le nom de goëlands ; les plus petites prennent celui de mouettes.

Les goëlands sont communs dans toutes les mers ; remarquables par leur extrême voracité, ils se nourrissent de poissons, de coquillages et même de charognes : leur présence dans l'intérieur des terres est un signe d'ouragan prochain.

Nous en avons plusieurs espèces sur nos côtes, savoir :

Le *Goëland à manteau noir* (*Larus marinus*, Gmel.) ; le plumage blanc, le dos et les ailes noirs, le bec et les pieds verdâtres.

La *Mouette blanche* (*Larus eburneus*, Gmel.) ; le plumage d'un blanc jaunâtre, l'extrémité inférieure des rectrices noire.

LES HIRONDELLES DE MER (*Sterna*, Lin.)

Tirent leur nom de leurs ailes excessivement longues et effilées, de leur queue fourchue et de leurs pieds courts, ce qui les fait ressembler aux hirondelles : leur bec, plus long que la tête, est comprimé et légèrement courbe.

Les hirondelles de mer volent avec rapidité dans tous les sens ; elles poussent des cris aigus comme les martinets et saisissent, en rasant la surface de l'eau, les poissons et les mollusques dont elles se nourrissent. On en voit quelquefois sur nos rivières au printemps ; la plus commune de toutes les espèces est :

Le *Pierre Garin* (*Sterna hirundo*, Lin.); cendré dessus, blanc dessous, la tête et l'extrémité inférieure des ailes noires.

LES BECS-EN-CISEAUX (*Rhynchops*, Lin.)

Ont les pieds, les ailes et la queue bifurquée des hirondelles de mer, mais ils s'en distinguent, ainsi que de tous les genres précédents, par leur bec en forme de ciseaux, c'est-à-dire que la mandibule supérieure est plus courte que l'autre, toutes deux étant comprimées en forme de lames brisées, en quelque sorte, à leur extrémité, et se répondant par leurs bords sans toutefois se croiser.

Les espèces connues habitent les mers des Antilles.

Troisième famille.

—

Les Totipalmes.

Les totipalmes sont caractérisés par une large membrane qui enveloppe à la fois les doigts et le pouce, celui-ci se dirigeant un peu en avant; ils offrent cette particularité remarquable chez les palmipèdes, de se percher sur les arbres, bien que leurs pieds soient tout à fait convertis en rames; leur vol est très-puissant.

Cette famille comprend, entre autres genres, les pélicans et les pailles-en-queue.

LES PÉLICANS (*Pelicanus*, Lin.)

Ont les joues plus ou moins nues et la peau de la gorge très-dilatée; leur bec est armé d'un crochet à son extrémité; leurs narines linéaires s'ouvrent dans un orifice à peine sensible.

G. Cuvier les divise en plusieurs sous-genres, dont les principaux sont : les pélicans proprement dits, les cormorans et les frégates.

LES PÉLICANS PROPREMENT DITS (*Pelicanus*, Illig.)

Ont le bec long, grêle et déprimé; leur

mandibule inférieure soutient une large membrane nue en forme de sac.

Principale espèce :

Le *Pélican ordinaire* (*Pelicanus onocrotalus*, Lin.) ; le plumage brun, mêlé de fauve ; le bord extérieur des ailes noir ; le crochet du bec d'un rouge vif. Le pélican ordinaire habite les contrées orientales de l'Europe, il est assez rare sur nos côtes.

LES CORMORANS (*Carbo*, Meyer)

Ont le bec comprimé ; la mandibule inférieure est tronquée à son extrémité ; l'ongle du doigt médius est dentelé en scie.

LES FRÉGATES (*Tachypetes*, Vieillot)

Ont les mandibules également crochues, la queue bifurquée et les doigts pourvus de membranes très-échancrées ; leurs ailes ont une envergure excessive ; de là, leur vol rapide et le nom métaphorique de frégate qui en est l'expression.

On n'en connaît qu'une seule espèce, c'est :

La *Frégate ordinaire* (*Tachypetes aquilus*); le plumage noir, varié de blanc sous la gorge, le bec rouge.

La frégate ordinaire est très-commune sur les côtes d'Amérique ; elle se nourrit de poissons volants sur lesquels elle fond avec la rapidité d'une flèche.

LES PAILLES-EN-QUEUE (*Phaeton*, Lin.)

N'ont de commun avec les genres précédents que leurs ailes extrêmement longues et leur pouce réuni dans une même membrane avec les autres doigts ; ils en diffèrent, d'ailleurs, par leur tête totalement emplumée, par leur bec denticulé et sans crochet, et surtout par deux rectrices médianes très-longues et très-étroites.

Les pailles-en-queue sont particuliers à la zone torride ; leur apparition indique aux navigateurs l'entrée du tropique.

Quatrième famille.

Les Lamellirostres.

Les lamellirostres ont le bec large, revêtu d'une peau molle et garni de lames sur ses bords ; leurs ailes sont courtes ; leurs doigts sont tous palmés, à l'exception du pouce, qui est libre.

G. Cuvier partage les lamellirostres en deux genres : les canards et les harles.

LES CANARDS (*Anas*, Lin.)

Comprennent les palmipèdes dont le bec,

convexe et obtus, est garni sur les bords de lames saillantes et transverses.

A ce genre appartiennent les cygnes, les oies et les canards proprement dits.

LES CYGNES (*Cygnus*, Meyer)

Ont le bec aussi large en avant qu'en arrière, et plus haut que large à sa base ; leurs narines sont situées vers le milieu de la longueur du bec ; leur cou est très-allongé.

Les cygnes vivent de racines, de graines et de vers.

On en connaît trois espèces, savoir :

Le *Cygne à bec rouge* (*Cygnus olor*) ; le bec rouge, bordé de noir ; la base du bec surmontée d'une protubérance ; le plumage d'un blanc pur.

Le *Cygne à bec noir* (*Cygnus cinereo-albus*) ; le bec jaune à la base, noir dans les deux tiers, le plumage d'un blanc cendré.

Ces deux espèces sont renommées pour l'élégance de leurs formes et la facilité de leurs mouvements ; les poëtes les ont souvent célébrés dans leurs vers, mais en exagérant leurs qualités : le chant du cygne, à sa mort, n'est qu'une fiction.

Le *Cygne noir* (*Cygnus atratus*, Vieill.); le plumage entièrement noir, à l'exception du bord externe des ailes qui est blanc. Son port est moins élégant que celui des espèces précédentes ; il habite la Nouvelle-Hollande.

LES OIES (*Anser*, Briss.)

Se rapprochent des cygnes par leur bec plus haut que large à sa base ; mais elles s'en éloignent par leurs mandibules plus étroites à l'extrémité, ainsi que par leur cou moins allongé.

Les oies vivent d'herbes et de graines ; on les distingue en oies proprement dites et en bernaches.

Les *Oies proprement dites* ont le bec presque aussi long que la tête; les lamelles qui en garnissent les bords sont visibles à l'extérieur.

Principale espèce :

L'*Oie sauvage* (*Anser communis*) ; le plumage brun, mêlé de gris et de fauve. Elle nous arrive par troupes en automne; c'est d'elle que proviennent les oies domestiques.

L'éducation des oies est très-simple ; les petits peuvent être nourris avec des pommes de terre cuites, de la mie de pain ou des débris de salade ; ils se développent d'autant plus vite qu'ils peuvent vaguer et pâturer en liberté : on sait que les oies causent de grands dégâts dans les prés ; c'est pourquoi on ne doit leur abandonner que les terrains en friche.

Les *Bernaches* ont le cou plus court que la tête; les lamelles de leur bec ne paraissent pas à l'extérieur.

L'espèce la plus remarquable par ses couleurs est :

La *Bernache armée (Anser ægyptiacus)* ; le manteau brun, la partie supérieure des ailes blanche, l'extrémité inférieure noire ; ses ailes sont armées d'un petit éperon. On peut facilement l'élever en domesticité.

LES CANARDS PROPREMENT DITS (*Anas*, Meyer)

Diffèrent des cygnes et des oies par leur bec moins haut que large à la base, et s'élargissant vers l'extrémité ; leurs jambes sont plus rejetées en arrière, leur cou est beaucoup plus court.

Nous en avons plusieurs espèces, savoir :

Le *Canard ordinaire (Anas boschas, Lin.)* ; le plumage mêlé de blanc, de gris, de vert et de noir.

Le *Canard musqué* (*Anas moschata*, Lin.); originaire d'Amérique et non de la Barbarie, comme son nom vulgaire de canard de Barbarie le ferait croire; son plumage est tantôt blanc, tantôt d'un noir cuivré, mais sans mélange de plusieurs couleurs; les côtés de sa tête sont marqués d'espaces nus de couleur rouge.

Ces deux espèces de canards sont communes dans toutes nos fermes; leur éducation exige encore moins de soins que celles des oies : ils réussissent d'autant mieux qu'ils peuvent s'ébattre sur l'eau.

Plusieurs autres espèces de canards, distinctes entre elles par des nuances légères, ont donné lieu dans ces derniers temps à de nombreuses subdivisions. Les groupes les mieux caractérisés sont les macreuses et les eiders.

Les *Macreuses* se reconnaissent à leur bec surmonté d'un tubercule.

L'espèce la plus répandue sur nos côtes occidentales est :

La *Macreuse commune* (*Anas nigra*, Lin.) ; son plumage est entièrement noir ; elle vit par grandes troupes et se nourrit principalement de moules.

Les *Eiders* ont le bec échancré sur le front.

L'espèce si recherchée pour son duvet moelleux, qui sert à remplir les édredons, est :

L'*Eider du Nord* (*Anas mollissima*, Lin.); le plumage blanchâtre, varié de gris, le ventre et la queue noirs.

Cette espèce habite le nord de l'Europe ; elle niche dans des rochers très-escarpés.

LES HARLES (*Mergus*, Lin.)

Forment le second genre des lamellirostres. Leur port et leur plumage sont ceux des canards ; mais ils s'en distinguent aisément par leurs mandibules crochues, plus cylindriques, et bordées de petites dents aiguës, dont la pointe est dirigée en arrière.

L'espèce d'Europe la plus remarquable est :

Le *Harle huppé* (*Mergus serrator*, Lin.); l'occiput surmonté d'une aigrette; la tête d'un vert foncé dans le mâle, brune dans la femelle; le corps varié de noir, de brun et de blanc; le bec et les pieds rouges.

Les harles habitent le Nord; leurs mœurs sont celles des canards.

3ᵉ CLASSE DES VERTÉBRÉS .

LES REPTILES.

—

M. Alexandre Brongniart a divisé la classe des reptiles en quatre ordres, savoir : les chéloniens, les sauriens, les ophidiens et les batraciens.

La classe des reptiles est l'intermédiaire qui réunit la seconde et la quatrième classe des vertébrés ; en effet, si la structure anatomique des chéloniens rappelle l'organisation des oiseaux, les batraciens conduisent évidemment aux poissons.

Chez la plupart des reptiles connus, les organes de tous les sens existent ; mais déjà plus simples, déjà plus obtus que chez les oiseaux, ils nous montrent comment, réduits à leurs éléments indispensables, ils doivent se perdre dans la série animale et disparaître successivement.

Les reptiles manquent d'organes spéciaux assez délicats pour exercer le tact; ils jouissent seulement du toucher général : encore cette fonction est-elle imparfaite et grossière. Leur peau, quand elle est nue, est coriace, peu vasculaire et peu nerveuse. Chez le plus grand nombre, cette membrane est couverte d'écailles ou de tubercules épidermiques, soit entièrement cornés, soit plus ou moins encroûtés de substance calcaire.

La peau, chez les reptiles écailleux, éprouve, à certaines époques, sous l'influence de causes encore inexpliquées, une modification réparatrice analogue à la mue des mammifères et des oiseaux. La couche épidermique se détache des parties sousposées, en même temps qu'un nouvel épiderme est exsudé pour la remplacer. Cette séparation commence par l'extrémité orale du corps : l'épiderme ancien se renverse sur lui-même, et l'animal s'en débarrasse comme d'un vêtement retourné ; mais après l'avoir traîné pendant quelque temps, l'épiderme se détache ordinairement d'une seule pièce, sans autre perforation que les trous correspondants aux orifices naturels. La portion correspondante aux yeux ne présente aucun pertuis.

Les dents sont, en général, plus nombreuses chez les reptiles que chez les mammifères ; elles sont implantées dans les os maxillaires, ou bien elles hérissent la surface des premières cavités digestives, circonstance plus commune encore chez les poissons.

Le sens du goût est peu développé chez les reptiles : l'appréhension est immédiatement suivie de la déglutition.

Le sens de l'odorat manque de puissance ; dans les espèces carnassières, il a plus d'intensité que dans les espèces herbivores.

Le sens de la vue est le plus développé de tous les sens chez les reptiles. Les paupières, quand toutefois elles existent, ne sont jamais pourvues de cils ; car, si tous les chéloniens, si le plus grand nombre des sauriens et tous les batraciens ont des paupières, la plupart des ophidiens en sont privés.

L'absence de ces voiles mobiles chez les ophidiens explique en partie le phénomène si remarquable de la fascination ; en partie, car pour fasciner, il ne suffit pas de regarder fixement, il faut que l'individu fasciné aperçoive le fascinateur et se croie lui-même aperçu. La fascination a donc aussi pour causes un empire exercé, une crainte sentie ; en effet, on sait que des oiseaux, se croyant vus par un serpent dont ils apercevaient l'œil immobile, sont tombés anéantis, réveillant par leur chute le fascinateur endormi.

Le sens de l'ouïe a moins de force chez les reptiles que chez les oiseaux. Chez tous les reptiles écailleux, les sons, avant de pénétrer l'oreille interne, traversent une cavité nommée *trou auditif*; chez les batraciens, la peau générale couvre entièrement l'oreille interne qui est située à fleur de tête.

Les chéloniens, les sauriens et les ophidiens respirent l'air atmosphérique à toutes les époques de leur vie. Tous les chéloniens et tous les sauriens ont deux poumons; les ophidiens n'en ont qu'un seul; l'autre poumon, si toutefois il existe, est figuré par un sac respirateur que quelques auteurs ont comparé à la vessie natatoire des poissons. Chez tous les batraciens anoures, la respiration, d'abord exercée par des branchies, a lieu par des poumons avant même que ces animaux aient acquis leur forme définitive et qu'ils aient cessé d'être têtards; chez quelques batraciens urodèles les organes respiratoires subissent de pareilles modifications, mais la forme primitive du corps ne change pas, les branchies seules disparaissent. Ces batraciens urodèles ne restent pas aussi longtemps tétards que les batraciens anoures ; néanmoins, quand un hiver rigoureux les surprend avec leurs branchies, ces branchies persistent jusqu'à l'année suivante, et l'accroissement général continue à s'effectuer. Quelques espèces parmi les batraciens urodèles conservent toujours leurs branchies, mais la respiration n'est pas confiée uniquement à ces organes, les poumons concourent au même but, coïncidence qui doit faire regarder ces animaux comme de véritables amphibies.

Chez tous les reptiles, les poumons sont logés dans la même cavité que les intestins.

Presque tous les reptiles sont carnassiers, cependant un grand nombre de chéloniens se nourrissent de végétaux ; les batraciens anoures, tant qu'ils demeurent têtards, empruntent au règne végétal des aliments, qu'adultes ils prendront dans le règne animal : aussi le tube intestinal est-il long dans les têtards, et devient-il court dans les adultes.

A partir des reptiles, le cœur se simplifie.

Cet organe, dans les chéloniens et les sauriens, est formé par deux oreillettes et par deux ventricules mal isolés ; on trouve encore chez les ophidiens deux ventricules et deux oreillettes que séparent des cloisons moyennes incomplètes, mais le cœur des batraciens n'offre plus qu'une seule oreillette et qu'un seul ventricule, caractère de haute valeur qui rapproche ces animaux des poissons.

Ainsi formé, le cœur des reptiles n'envoie aux poumons qu'une partie de sang usé ramené par les veines, le reste du sang usé se mêle au sang réparé qui sort des poumons, avant que les artères le distribuent aux organes.

La chaleur vitale des reptiles est très-faible.

La température propre de ces animaux est tellement subordonnée à la température atmosphérique, qu'ils hibernent dans nos climats quand ils sentent l'hiver approcher, et se préparent à s'engourdir par la suspension arbitraire de l'acte respiratoire : le froid achève de les plonger dans la torpeur ; alors, immobiles, roides, semblables à des corps sans vie, ils attendent, cachés au sein de la terre ou des eaux, le retour du printemps pour se réveiller et quitter leurs retraites : un réveil prématuré leur est ordinairement fatal.

Dans les régions tempérées, l'engourdissement des reptiles coïncide toujours avec l'hiver ; il a donc pour cause l'abaissement de la température atmosphérique ; mais dans les contrées méridionales du globe, les chaleurs excessives de l'été produisent le même résultat : **M.** de Humboldt a vu des reptiles, éveillés par l'atmosphère rafraîchie, rompre la vase qui les emprisonnait, quand le sol humecté par les pluies pouvait céder à leurs efforts.

Les organes qui président aux mouvements varient sous plusieurs rapports dans les reptiles. Les chéloniens, les sauriens et les batraciens sont ordinairement pourvus de quatre membres dont la forme appropriée et le développement proportionnel expliquent comment ces animaux peuvent marcher, nager ou sauter. Les espèces qui marchent ont tous les membres égaux ; leurs doigts sont ordinairement libres et terminés par des ongles ; les espèces qui nagent ont les doigts accolés ou réunis par des mémbranes ; les espèces qui sautent ont les membres postérieurs plus allongés que les membres antérieurs : ces diverses progressions sont réunies dans certaines espèces. Les ophidiens manquent d'appendices locomoteurs proprement dits ; leurs écailles dressées et les replis mesurés de leur corps les aident à s'appuyer contre la terre, ils ne peuvent que ramper. Quand ils nagent, leurs écailles ne sont pas relevées.

Certains reptiles se meuvent avec une facilité extrême, d'autres avec une excessive lenteur ; tous aiment et cherchent le repos : leurs habitudes sont paresseuses.

L'appareil générateur varie dans les reptiles. Les femelles ont deux ovaires et deux oviductes. Parmi les chéloniens, les sauriens et les ophidiens, un assez grand nombre de mâles peuvent féconder à la fois les deux ovaires ; ils s'accouplent tous. Les batraciens, au contraire, ne s'accouplent pas réellement, ils fécondent à l'extérieur les œufs que rejettent les femelles. Aucun reptile ne couve ses œufs ; presque toujours la femelle les abandonne après les avoir déposés dans les lieux que son instinct lui fait connaître. Lorsque la fécondation précède la ponte, l'œuf en sortant est revêtu d'une coque dure et résistante ; l'œuf qui doit être fécondé après la ponte est enveloppé d'un mucilage gélatineux perméable au liquide fécondateur. Quand la pellicule des œufs est mince, parcheminée, elle se rompt quelquefois au sein de la mère, et les petits sortent libres des enveloppes fœtales :

l'histoire de la vipère confirme cette as-
sertion.

La vie est généralement longue chez les
reptiles, et surtout chez les reptiles écailleux.

1er ORDRE DES REPTILES.

LES CHÉLONIENS.

—

Les chéloniens sont caractérisés par le test
ou double bouclier qui renferme leur corps et
ne laisse passer au dehors que leur tête, leurs
membres et leur queue.

Le bouclier supérieur se nomme *carapace ;*
il est formé par les côtes au nombre de huit

paires, élargies, réunies entre elles et soudées aux apophyses que présente l'anneau ver-
tébral : toutes ces parties sont privées de mobilité. Le bouclier inférieur se nomme *plastron ;* il représente le sternum et se compose
ordinairement de neuf pièces, lesquelles entourent la carapace. Les vertèbres du cou et
de la queue sont seules mobiles.

Le test, ainsi divisé en carapace et en plastron, est recouvert immédiatement par la peau
ou par des plaques de diverses natures ; les
deux épaules forment un anneau dans lequel
passent l'œsophage et la trachée-artère.

Les chéloniens n'ont point de dents ; leurs
mâchoires, comme celles des oiseaux, sont revêtues de cornes tranchantes ; dans un genre
seul, celui des chélides, les lèvres sont charnues.

Leur progression sur terre est très-lente,
mais les espèces aquatiques nagent avec assez
de vitesse ; ces dernières présentent une particularité curieuse qu'on explique aisément.

Quelquefois on les voit flotter sur l'eau sans qu'elles puissent s'enfoncer. Ces chéloniens viennent à la surface pour respirer et pour recevoir l'influence des rayons solaires; la chaleur traverse leur carapace et dilate l'air contenu dans les poumons; cet air, rendant leur pesanteur spécifique moindre par suite de la diminution de leur masse au profit de leur volume, les maintient flottants à la surface, jusqu'à ce que l'air dilaté se refroidisse, et, partant, rende à l'animal son volume primitif.

Le mâle se reconnaît souvent à l'extérieur par son plastron, dont la concavité est en rapport avec la carapace bombée des femelles; celles-ci déposent leurs œufs dans le sable et les abandonnent à l'influence solaire.

Tous les chéloniens ont la vie très-dure; les mutilations expérimentales qu'on leur a fait subir prouvent qu'ils peuvent vivre encore quelques jours après qu'on leur a enlevé le cœur. M. Duméril a conservé chez lui, pendant huit mois, une tortue dont la tête avait été coupée ; cette tortue n'est morte que par suite de la négligence d'un domestique qui oublia de lui introduire, comme de coutume, dans l'œsophage, les aliments indispensables à sa nutrition.

Les chéloniens se nourrissent de matières animales et végétales ; ils peuvent rester fort longtemps sans manger ; la plupart hibernent pendant la saison rigoureuse.

Linnæus comprenait tous les chéloniens dans son grand genre testudo ; on les répartit aujourd'hui en cinq genres, d'après la considération de la carapace et des membres ; ce sont : les tortues de terre, les tortues d'eau douce, les tortues de mer, les chélides et les tortues molles.

LES TORTUES DE TERRE (*Testudo,* Brongniart)

Ont la carapace généralement très-bombée

et réunie au plastron par la plus grande partie de ses bords latéraux ; leurs doigts sont très-courts et accolés entre eux jusqu'aux ongles. Les extrémités antérieures ont cinq ongles, les extrémités postérieures en ont quatre ; elles peuvent, ainsi que la tête, se retirer entièrement sous le test. Les tortues de terre se nourrissent indifféremment de matières animales et végétales.

Principales espèces :

La *Tortue grecque* (*Testudo græca*, Lin.); à carapace hémisphérique ; ses plaques, mêlées de jaune et de noir, sont bordées de stries nombreuses et concentriques granulées au sommet ; son plastron, divisé par un sillon longitudinal, est jaune avec une tache noire sur chacune des douze plaques qui le composent. Cette espèce est très-commune à Alger, en Grèce, en Italie. Dans quelques pays, on l'élève dans les jardins pour détruire les limaçons dont elle est très-avide. Les anciens l'ont placée dans certains sujets emblématiques.

La *Tortue géométrique* (*Testudo geometrica*, Lin.), ainsi nommée de la régularité de ses lignes jaunes et noires disposées en rayons sur la carapace et communiquant toutes entre elles. On la trouve en Asie et en Afrique, principalement au cap de Bonne-Espérance.

LES TORTUES D'EAU DOUCE (*Emys*, Brong.)

Diffèrent du genre précédent par leur carapace moins bombée, et surtout par leurs doigts distincts les uns des autres et réunis, chez le plus grand nombre, par des membranes interposées ; leurs ongles sont aussi plus longs que ceux des tortues de terre.

L'Europe en possède plusieurs espèces, parmi lesquelles :

La *Tortue orbiculaire* (*Emys orbicularis*) ; à carapace ovale, de couleur noirâtre, avec des points et des lignes jaunes disposés en rayons. Elle habite particulièrement les contrées méridionales.

La *Tortue bourbeuse* (*Emys lutaria*) ; à carapace d'un noir uniforme, à queue longue. Cette espèce marche avec assez de vitesse ; on la trouve à Alger.

Au genre emys appartiennent les *tortues à boîte,* ainsi appelées parce que leur plastron présente une articulation transversale dont les battants peuvent fermer la carapace, lorsque la tête et les membres thoraciques y sont retirés.

LES TORTUES DE MER (*Chelonia*, Brong.)

Ont les membres allongés, inégaux et aplatis en nageoires ; tous les doigts sont enveloppés dans une membrane ; les deux premiers doigts des extrémités antérieures sont seuls armés d'ongles. Leur test est trop étroit pour recevoir la tête et les membres, c'est pourquoi ceux-ci font toujours saillie au dehors. Les pièces de leur plastron, au lieu de former une plaque continue comme dans les deux genres précédents, laissent entre elles de grands intervalles où l'on ne trouve que du cartilage. C'est parmi ces chéloniens qu'on rencontre les plus grandes espèces.

Les principales sont :

La *Tortue franche* (*Chelonia mydas*); à carapace ovale, légèrement convexe et composée de treize écailles vertes, non imbriquées ni carénées, et dont les cinq médianes offrent des hexagones à peu près réguliers.

Les tortues franches habitent particulièrement entre les tropiques, dans le voisinage des îles sablonneuses où elles paissent, en grandes troupes, les plantes marines. A certaines époques de l'année, elles quittent la

haute mer pour se rapprocher de l'embouchure des fleuves. Leur chair offre une nourriture précieuse, comme viande fraîche, aux
marins dont la santé est altérée par l'usage
prolongé des salaisons; leur graisse est d'un
vert très-prononcé. Les tortues franches atteignent jusqu'à sept pieds de long et pèsent
de sept à huit cents livres.

Le *Caret* (*Chelonia imbricata*) diffère de l'espèce précédente par une taille moins grande
et par ses écailles noires mêlées de fauve, au
nombre de treize, carénées et imbriquées. La
chair du caret est réputée malsaine; mais en
revanche il fournit ces écailles dont le commerce tire un si grand parti en les préparant
sous formes de boîtes, de peignes, de bonbon-
nières, etc. Il habite les mers des pays
chauds.

Le *Luth* (*Chelonia coriacea*) se reconnaît
à sa carapace prolongée postérieurement en

pointe, et recouverte par un cuir épais au lieu d'écailles; ce cuir, d'une couleur obscure, présente cinq arêtes longitudinales.

Les anciens connaissaient cette espèce, qui habite particulièrement la Méditerranée; sa graisse fournit une huile bonne à brûler.

LES CHÉLIDES OU TORTUES A GUEULE (*Chelis,.* Desm.)

Ressemblent aux tortues d'eau douce par les membres et les ongles, mais elles en diffèrent par leur gueule très-fendue et garnie de lèvres charnues; leur test ne peut loger qu'une partie de leur corps; leur museau se prolonge en une petite trompe cylindrique.

L'espèce connue sous le nom de **Matamata** (*Chelis fimbria*) est originaire de la Guyane. Sa carapace, de couleur brune, est hérissée de saillies inégales; son cou est bordé par une frange déchiquetée.

LES TORTUES MOLLES (*Trionyx*, Geoff.)

Sont caractérisées par leur test recouvert d'une peau cartilagineuse au lieu d'écailles ; les côtes n'atteignent pas les bords de la carapace ; les pièces du plastron forment une plaque discontinue. Leurs membres sont palmés comme ceux des tortues d'eau douce ; mais trois de leurs doigts seulement sont armés d'ongles, de là le nom de *trionyx* donné à ces animaux. Leur museau se prolonge en trompe comme celui de la tortue matamata ; leurs membres et leur tête peuvent se retirer entièrement sous la carapace.

Toutes les espèces du genre trionyx vivent dans l'eau douce et sont exotiques.

2ᵉ ORDRE DES REPTILES.

LES SAURIENS.

—

Les sauriens sont des reptiles à corps allongé, recouvert d'une peau écailleuse ou
chagrinée, porté sur des jambes très-basses,
au nombre de quatre dans le plus grand
nombre, et muni d'une queue généralement
longue et épaisse à sa base. Leurs mâchoires
sont armées de dents; leurs côtes sont mobiles
et les doigts sont en général pourvus d'ongles.

Leurs mœurs varient suivant les genres;
ainsi, les uns sont féroces; les autres, au con-

traire, sont d'un naturel très-doux. On les divise en six familles, d'après la considération des membres, de la langue, de la queue et des écailles; ce sont : les crocodiliens, les lacertiens, les iguaniens, les geckotiens, les caméléoniens et les scincoïdiens.

Première famille.

Les Crocodiliens

Correspondent au grand genre crocodile de Linnæus, groupe naturel dont M. de Blainville a fait, dans ces derniers temps, un ordre particulier sous le nom d'émydosauriens, pour indiquer le passage que ces animaux établissent entre les tortues et les lézards proprement dits.

LES CROCODILES (*Crocodilus*, Brong.)

Ont la tête plate, la queue comprimée ; les extrémités postérieures ont cinq doigts réunis par une membrane, les extrémités antérieures en ont quatre : les trois doigts internes seuls sont pourvus d'ongles à chaque membre. Les mâchoires sont armées de dents fortes et pointues ; le dos et la queue sont revêtus de larges écailles carrées surmontées d'une arête médiane ; la queue est ornée d'une crête dentelée, bifurquée à sa base ; les écailles du ventre sont minces et unies. La mâchoire inférieure, chez les crocodiles, se prolonge fort en arrière de la tête ; aussi, la gueule, sans être dilatable, présente-t-elle un large gouffre ; les narines s'ouvrent au bout du museau par deux fentes demi-circulaires que ferment des valvules ; disposition importante qui permet à ces animaux de plonger sans que l'eau s'introduise dans les cavités nasales. Ils manquent tous de clavicule ; certaines parties des muscles abdominaux se transforment en cartilages transverses, qui simulent un sternum et des côtes imparfaites.

Les crocodiles se tiennent dans les eaux douces ; ils sont très-carnassiers, ne peuvent avaler dans l'eau, noient leur proie et la laissent putréfier avant de s'en nourrir. La femelle garde ses œufs et soigne ses petits lorsqu'ils sont éclos.

Les crocodiles ont été divisés en plusieurs genres, dont les principaux sont :

Les *Crocodiles proprement dits (Crocodilus,* Cuv.) ; le museau allongé, les extrémités postérieures dentelées au bord externe et palmées jusqu'au bout des doigts.

Les *Caïmans (Alligator,* Cuv.) ; le museau large, les extrémités postérieures à demi palmées et sans dentelures. De l'Amérique.

Aux crocodiles proprement dits appartient

le *Crocodile vulgaire* ou *du Nil*, connu des anciens, et dont on retrouve un grand nombre d'individus embaumés dans les cavernes d'E-gypte.

Longtemps on a cru que l'embaumement des crocodiles et de plusieurs autres animaux réputés sacrés n'avait été mis en pratique chez les Egyptiens que pour satisfaire aux croyances superstitieuses du peuple ; mais, au retour de son voyage d'Egypte, M. Pariset a prouvé dans un mémoire rempli de considérations lumineuses sur les causes de la peste, que l'obligation d'embaumer les animaux relevait d'un grand principe d'hygiène. Cet usage, imposé comme un devoir religieux, avait pour but essentiel d'empêcher l'exhalaison des miasmes putrides que les cadavres répandaient, même enfouis sous terre, quand le sol inondé par les débordements du Nil était soumis aux rayons brûlants du soleil.

Deuxième famille.

—

Les Lacertiens

Ont cinq doigts libres, inégaux et pourvus d'ongles à tous les membres ; la langue extensible et fourchue à son extrémité, et les écailles disposées par bandes transverses et parallèles sous le ventre et sous la queue. Ils comprennent deux grands genres : les monitors ou sauvegarde et les lézards proprement dits.

LES MONITORS OU SAUVE - GARDE (*Monitor*, Cuv.)

Ont la queue comprimée, ce qui les aide à nager ; leur palais est privé de dents. Ils habitent le eaux fréquentées par les crocodiles ; on croit vulgairement qu'ils avertissent par un sifflement de l'approche de ces reptiles|; de là, leur nom de monitor. Toutes les espèces appartiennent à l'Egypte, aux Indes et à l'Amérique.

LES LÉZARDS PROPREMENT DITS (*Lacerta*, Lin.)

Ont la queue ronde et très-cassante; le fond de leur palais est armé de dents; une rangée transversale de larges écailles forme un collier au bas de leur cou. Leurs extrémités postérieures sont plus allongées que les extrémités antérieures; elles portent sur chaque cuisse une rangée de tubercules poreux, dont on ignore l'usage.

Dans les pays tempérés, les lézards passent l'hiver dans l'engourdissement; tous vivent d'insectes.

Ce genre comprend un grand nombre d'espèces, dont plusieurs sont communes à la France; telles sont, entre autres :

Le *Lézard des murailles* (*Lacerta agilis*, Lin.); cendré dessus, blanchâtre ou quelquefois rougeâtre dessous ; une ligne de points bruns le long du dos ; les flancs marqués d'une bande brune formée de traits réticulés et finement dentelée sur ses bords qui sont blanchâtres. Très-commun sur les vieux murs et sur les pentes gazonneuses exposées au midi.

Le *Lézard des souches* (*Lacerta sepium*, Daudin) ; brun dessus, les flancs et le dessous du corps d'un vert clair ; des taches noirâtres relevées d'un point blanc et comme ocellées le long des flancs ; toutes les écailles placées sous le corps sont marquées de points noirs. Sous les souches, dans les bois un peu secs. Il en existe une variété dont le dos est entièrement d'un roux brunâtre.

Le *Lézard vert à deux raies* (*Lacerta bilineata*, Daud.) ; d'un beau vert ; une ligne blanche longitudinale bordée de taches brunes très-rapprochées, de chaque côté du dos ; une rangée de points blancs sur les flancs. Dans les bois sablonneux.

Le *grand Lézard vert ocellé* (*Lacerta ocellata*, Daud.) ; d'un vert très-brillant, parsemé de lignes en zigzag, de points et de petits cercles d'un vert gai, très-nombreux et irrégulièrement disposés. Du midi de la France. Cette espèce n'est pas rare à Alger ; on la trouve sur les haies de *Cactus opuntia*.

Troisième famille.

Les Iguaniens

Diffèrent de la famille précédente par leur langue épaisse, charnue, non extensible, et échancrée seulement à l'extrémité.

Leur forme extérieure est celle des lacertiens ; ils en ont aussi les doigts libres et inégaux. On les partage en deux sections :

La première section comprend les individus qui n'ont point de dents au palais ; tels sont les *Dragons* (*Draco*, Lin.), caractérisés principalement par leurs fausses côtes qui, au lieu d'embrasser la circonférence du corps, s'étendent en ligne droite pour donner attache à des expansions de la peau et former ainsi une sorte de parachute dont l'animal se sert pour sauter de branche en branche. Les dragons sont tout à fait inoffensifs ; ils vivent d'insectes. Des Indes orientales.

La seconde section renferme les iguaniens qui ont des dents au palais ; tels sont, entre autres, les *Iguanes proprement dits* (*Iguana*, Cuv.), remarquables par une rangée d'écailles redressées le long du dos, ainsi que par le fanon qui leur pend sous la gorge : leurs cuisses portent chacune une rangée de tubercules poreux semblables à ceux des lézards proprement dits. Toutes les espèces sont exotiques.

— ·— —

Quatrième famille.

—

Les Geckotiens.

La famille des geckotiens est formée de sauriens nocturnes, tellement semblables entre eux, qu'elle pourrait être représentée par un seul genre, celui des geckos.

LES GECKOS (*Ascalabotes,* Cuv.)

Ont la tête aplatie, les pupilles verticales et les ongles rétractiles ; leurs yeux manquent de paupières proprement dites, et sont enchâssés dans un repli de la peau, comme un verre de montre dans le cercle à rainure qui le soutient ; leur langue est charnue, non extensible ; leurs mâchoires sont garnies d'une rangée de petites dents serrées ; la plupart ont les doigts élargis dans toute leur longueur ou seulement en partie ; ces doigts sont garnis en dessous de séries transversales d'épines régulières qui leur donnent la possibilité de s'accrocher aux corps les plus lisses. Les geckos sont des animaux hideux, mais on les regarde à tort comme malfaisants.

Nous en avons une espèce dans le midi de la France, c'est :

Le *Gecko des murailles* (*Ascalabotes fascicularis*), appelé *Tarente* par les Provençaux ; gris foncé ; la tête couverte d'une peau rude ; la partie supérieure du corps semée de tubercules agglomérés ; les écailles du dessus de la queue semblables à celles du ventre. Pendant le jour il se tient caché dans les trous de murailles ou sous les pierres, et ne sort de sa retraite qu'après le coucher du soleil. Très-commun à Alger.

Cinquième famille.

—

Les Caméléoniens.

La cinquième famille des sauriens ne comprend qu'un seul genre, celui des caméléons.

LES CAMÉLÉONS (*Chamœleo*, Merr.)

Ont la peau chagrinée, la tête anguleuse, le corps comprimé et comme tranchant sur le dos, la queue longue et prenante, la langue visqueuse et extensible, les yeux grands et presque entièrement couverts par la peau, excepté dans le point correspondant à la pupille ; leurs doigts, au nombre de cinq à tous les membres, sont divisés en deux paquets inégaux, opposables.

Les caméléons sont célèbres par la propriété qu'ils ont de changer de couleur plusieurs fois de suite ; on explique ce phénomène par la disposition des vaisseaux qui se ramifient à la surface du derme. Toutes les espèces sont exotiques; elles vivent sur les arbres et se nourrissent d'insectes.

Sixième famille.

Les Scincoïdiens

Se reconnaissent à la brièveté de leurs extrémités, à leur langue non extensible, ainsi qu'à leurs écailles égales et imbriquées.

Les uns, comme les *scinques* et les *seps*, ont quatre membres; les autres, tels que les *bipèdes* et les *bimanes*, n'ont que les extrémités postérieures, ou seulement les extrémités antérieures.

Ces animaux, étrangers à la France, ressemblent plutôt à des serpents qu'à des sauriens; ils servent de transition naturelle entre ces deux ordres.

3e ORDRE DES REPTILES.

LES OPHIDIENS.

—

Le corps des ophidiens est ordinairement très-allongé, couvert d'écailles et privé de membres. Leur progression à terre s'exécute au moyen des ondulations de leur corps; aussi faut-il, pour qu'elle s'exerce facilement, que le sol soit inégal et raboteux : une surface lisse ne donnerait aucune prise aux écailles ventrales qui se relèvent durant la progression et font l'office de pieds inarticulés. Souvent leurs yeux manquent de paupières; leur gueule, très-fendue, est susceptible chez la plupart d'une extrême dilatation rendue surtout aisée par la disposition spéciale des os maxillaires, que des muscles appropriés écartent ou rapprochent. Ils ont pour voix un sifflement sourd et monotone que produit la bifurcation de la langue vers son extrémité. Tous les ophidiens changent d'épiderme chaque année. Ils se nourrissent de matières animales, habitent les lieux chauds et humides, et passent généralement l'hiver dans la torpeur. On les divise en trois familles, savoir : les anguis, les vrais serpents et les serpents nus.

Première famille.

Les Anguis

Sont caractérisés à l'extérieur par des écailles imbriquées qui recouvrent tout leur corps. Leur tête est osseuse ; leur œil est muni de trois paupières; leurs mâchoires sont **garnies** de petites dents serrées. La plupart ont encore sous la peau les os de l'épaule et quelques os du bassin, c'est pourquoi plusieurs auteurs les ont compris dans l'ordre précédent.

A cette famille appartient l'espèce d'Europe très-commune en France, connue sous le nom d'*Orvet* (*Anguis fragilis*, Lin.); les écailles lisses, brillantes, jaune-argentées en dessus, noirâtres en dessous; trois filets noirs le long du dos, se changeant avec l'âge en diverses séries de points qui finissent par disparaître. Il vit d'insectes, de lombrics; quand on le saisit, il se contracte avec tant de force, qu'il se brise quelquefois en plusieurs morceaux. Les orvets sont inoffensifs, c'est donc à tort que dans plusieurs contrées leurs morsures, toujours innocentes, sont regardées comme très-dangereuses.

Deuxième famille.

—

Les vrais Serpents.

La seconde famille des ophidiens, de beaucoup plus nombreuse que les deux autres, comprend les genres sans épaules ni sternum, mais dont les côtes embrassent une grande partie de la circonférence du corps. On les répartit en deux tribus, celle des amphisbènes et celle des serpents proprements dits.

Les *Amphisbènes* ou *double-marcheurs*, ainsi nommés parce que leur progression s'exécute indistinctement en avant et en arrière, se reconnaissent à leurs mâchoires non dilatables, ainsi qu'à leur tête qui est toute d'une venue avec le reste de leur corps.

Ce sont des animaux étrangers à la France ; aucun d'eux n'est malfaisant.

Les *Serpents proprement dits* ont les mâchoires dilatables, et à tel point, qu'elles leur permettent d'avaler des corps plus volumineux qu'eux-mêmes; leur arcade palatine ou la voûte du palais est armée de dents aiguës et recourbées en arrière. On les divise en serpents venimeux et en serpents non venimeux. Tous ont sous le ventre et sous la queue des écailles beaucoup plus grandes que celles du dos : ces écailles se nomment *plaques;* d'après leur nombre et leur disposition, elles sont employées par les naturalistes comme caractères distinctifs des genres, toutefois cette source de caractères laisse beaucoup à désirer.

Aux serpents non venimeux appartiennent les principaux genres boa et couleuvre dont les dents ne servent qu'à retenir la proie.

LES BOAS (*Boa*, Lin.)

Ont le dessous du corps et de la queue

garni de plaques transverses qui en occupent chacune toute la largeur.

C'est parmi les boas que l'on trouve les plus grands reptiles; quelques espèces atteignent jusqu'à trente pieds de longueur. Lorsqu'ils se sont emparés d'une proie volumineuse, ils lui broient les os entre les replis de leur corps, et l'enduisent de salive; leur digestion, suivie d'une sorte d'ivresse, est toujours lente.

Principale espèce :

Le *Devin* (*Boa constrictor*, Lin.), de l'Amérique ; son dos est orné d'une longue chaîne formée alternativement de grandes taches noirâtres irrégulièrement hexagones, et de grandes taches pâles, ovales, échancrées à leur extrémité.

LES COULEUVRES (*Coluber*, Lin.)

Se distinguent des boas par une double série de plaques sous le corps. On les a subdivisées en un grand nombre de sous-genres ; les mieux caractérisés sont : les pithons et les couleuvres proprement dites.

LES PITHONS (*Pithon*, Daudin)

Ont des crochets près de l'anus ; leur tête est garnie de plaques sur le bout du museau ; le bord des mâchoires est muni de fossettes.

Toutes les espèces sont exotiques ; quelques-unes ont la force et la taille des boas.

LES COULEUVRES PROPREMEMT DITES (*Coluber*)

Manquent de crochets et de fossettes ; leurs écailles dorsales ont toujours une autre forme que leurs écailles céphaliques ; leur tête ne s'élargit pas sensiblement en arrière.

Les couleuvres sont des animaux inoffen-sifs ; elles se nourrissent d'insectes et surtout de grenouilles.

Les espèces les plus communes en France sont :

La *Couleuvre à collier (Coluber natrix,* Lin.) ; cendrée ; une rangée de taches noires transverses le long des flancs ; un collier jaune-pâle sur la nuque qui porte aussi deux taches noires triangulaires ; le dessous du corps noirâtre. Toutes les écailles du dos sont caré-nées, c'est-à-dire relevées d'une arête.

Très-commune dans les prés humides et au bord des eaux dormantes.

La *Couleuvre verte et jaune (Coluber atro-virens,* Lin.) ; tachetée de noir et de jaune en dessus, jaune-verdâtre en dessous, les écailles unies.

La *Couleuvre vipérine (Coluber viperinus,* Lin.), ainsi nommée parce que ses couleurs ressemblent à celles de la vipère commune ; gris-brun, des taches noires en zigzag le long du dos ; les côtés marqués de taches noires œillées et plus petites ; le dessous du corps tacheté en damier de noir et de grisâtre, les écailles carénées. Dans les bois humides, ainsi que la précédente.

Les serpents venimeux sont partagés en serpents venimeux à crochets isolés, et en serpents venimeux à plusieurs dents maxillaires.

Les serpents venimeux à crochets isolés n'ont, de chaque côté, à la mâchoire supérieure, qu'une seule dent nommée *crochet*. A la base de chaque dent, un peu au-dessous de l'œil, est placée une glande dont le canal excréteur traverse la dent creusée à cet effet ; les mouvements des mâchoires, les passions de l'animal font sortir le venin que la pointe aiguë des dents se charge d'instiller. Ces armes naturelles tombent à chaque mue et reparaissent plus tard ; aussi les serpents venimeux ne sont-ils pas à craindre pendant cette époque. Les crochets, mobiles dans les gencives, se redressent et pénètrent avec plus de facilité dans la plaie quand la proie attaquée cherche à fuir ; au contraire, elles se couchent en arrière quand les mâchoires sont en repos. Les glandes venimeuses se fatiguent comme les autres organes par un exercice longtemps continué ; comme eux, elles ont besoin de réparer leurs pertes, aussi les jongleurs mettent-ils à profit cette fatigue pour se faire mordre impunément par des serpents venimeux dont ils ont épuisé le venin au moyen d'éponges offertes à leur morsure.

La plupart des serpents venimeux à crochets isolés ont les mâchoires très-dilatables ; leur tête, élargie en arrière et sur les côtés, leur donne, en général, un aspect menaçant. Ils comprennent plusieurs genres dont les principaux sont : les crotales, les trigonocéphales et les vipères.

LES CROTALES (*Crotalus*, Lin.),

Vulgairement nommés *serpents à sonnettes*, ont la queue terminée par des anneaux épidermiques, lâchement emboîtés les uns dans les autres, et réunis au moyen d'étranglements opposés. Ces anneaux, qui résonnent lorsque l'animal *se* traîne ou s'agite, leur ont fait donner le nom de crotale, mot dérivé du grec et correspondant au mot français *crécelle*. Leurs plaques subventrales et subcaudales ressemblent à celles des boas ; leur museau est creusé d'une petite fossette derrière chaque narine.

Ils atteignent jusqu'à six pieds de longueur ; leur morsure peut occasionner la mort, si l'on n'y remédie promptement. Toutes les espèces connues habitent l'Amérique.

LES TRIGONOCÉPHALES (*Trigonocephalus*, Oppel.)

Ont les mêmes fossettes que les crotales ;

mais ils s'éloignent de ces reptiles par l'absence de cornets écailleux, par un double rang de plaques subcaudales, ainsi que par leur tête triangulaire : leur morsure est presque toujours mortelle.

L'espèce célèbre par l'atrocité de son venin, est :

Le *Trigonocéphale fer-de-lance* (*Trigonocephalus lanceolatus*, Opp.); jaunâtre, varié de brun. Cette espèce, très-commune aux Antilles, notamment à la Martinique, fait périr chaque année un grand nombre de Nègres; elle se tient dans les champs de canne à sucre, et se nourrit de petits mammifères qui s'y retirent. On devrait essayer d'introduire de nouveau à la Martinique le messager ou secrétaire pour détruire ce reptile dangereux.

LES VIPÈRES (*Vipera*, Daud.),

Ainsi nommées parce qu'elles font leurs petits vivants, diffèrent des crotales et des trigonocéphales par leurs narines privées de fossettes.

Les unes ont la tête garnie de petites écailles granulées, telles sont :

En Afrique, *la Vipère cornue* (*Vipera ce-rástes*); de couleur grisâtre, une petite corne sur chaque sourcil ;

En France, *la Vipère commune* ou **Aspic** (*Vipera communis*); brune, le dos marqué d'une double rangée de taches noires trans-versales, se confondant quelquefois en une seule bande longitudinale ployée en zigzag : on en trouve qui sont entièrement noires.

D'autres ont sur la partie supérieure et médiane de la tête trois plaques un peu plus grandes que les écailles qui les entourent; telle est dans notre pays :

La *petite Vipère*, semblable à la précédente quant aux autres caractères, mais un peu plus petite; on en a formé le sous-genre *Chersea*.

Ces deux dernières vipères habitent les bois chauds, ainsi que les endroits rocheux.

On connaît les recherches curieuses de Fontana sur le venin de la vipère. Cet habile physicien a constaté par six mille expériences que le venin de la vipère n'agit pas également sur tous les animaux. Il ne tue ni les vipères, ni les couleuvres, ni les limaçons, ni les sangsues. Un moineau mordu par une vipère meurt en cinq ou huit minutes, un pigeon en huit ou douze minutes; un chat ne succombe pas toujours, un mouton résiste ordinairement à la morsure. Le venin de la vipère peut être impunément avalé lorsque la bouche n'est affectée d'aucune plaie; introduit au contraire dans le sang, il tue les animaux en leur faisant éprouver des douleurs aiguës et de violentes convulsions.

Les symptômes qui suivent la morsure d'une vipère sont d'abord une vive douleur dans la partie blessée, puis une enflure rouge qui bientôt devient livide et s'étend aux parties environnantes; le malade tombe en syncope, son pouls est fréquent, profond, irrégulier; il éprouve des soulèvements d'estomac, des mouvements bilieux et convulsifs, ainsi que des sueurs froides; la plaie rend souvent un sang noir qui dégénère en sanie, et finit par se gangréner lorsque le malade doit succomber : ces symptômes, du reste, varient suivant les divers tempéraments, les climats, les saisons, etc.; ils sont d'autant plus intenses et plus rapides, que le pays est plus chaud et que l'animal était plus irrité au moment de mordre. Dès qu'une personne a été mordue par une vipère, il faut, sans perdre de temps, pratiquer une forte ligature immédiatement au-dessus de la plaie, appliquer une ventouse scarifiée à cet endroit, de manière à faire saigner la plaie le plus possible, et la cautériser avec la pierre infernale ou quelques gouttes d'alcali volatil : il est bon également de faire avaler plusieurs gouttes de ce liquide mêlé avec de l'eau, et de faire prendre le lit au malade, en ayant soin qu'il transpire abondamment. Ces remèdes doivent être administrés sans retard ; dans tous les cas, il faut se hâter d'appeler un médecin.

Les serpents venimeux dont les mâchoires ont une armure presque semblable à celle des serpents non venimeux, mais dont la première dent maxillaire, plus grande que les autres, est canaliculée pour donner passage au venin, comme dans les serpents venimeux à crochets isolés, constituent la seconde section des serpents venimeux.

Principal genre :

Les *Hydres* (*Hydrus*, Sch.), caractérisés surtout par leur queue comprimée, ce qui les rend bons nageurs et en fait des animaux aquatiques. Dans la mer et les rivières des Indes.

Troisième famille.

—

Les Serpents nus,

Ainsi nommés parce que leur peau lisse et visqueuse semble nue; mais quand on les dissèque, on trouve des écailles dans son épaisseur : leurs côtes n'embrassent qu'une faible partie de la circonférence du corps.

On n'en connaît qu'un seul genre, les *Cæcilies* (*Cæcilia*, Lin.); remarquable par ses yeux excessivement petits. Toutes les espèces appartiennent à l'Amérique.

4ᵉ ORDRE DES REPTILES.

LES BATRACIENS.

—

Les batraciens sont des reptiles à peau nue.

Dans le jeune âge, ils respirent au moyen d'appendices branchiaux placés vers les côtés de la tête ; les branchies disparaissent, chez le plus grand nombre, lorsqu'ils arrivent à l'état adulte ; c'est alors que les poumons quittent leur inertie pour devenir actifs ; la respiration, naguère branchiale, est désormais pulmonaire : la métamorphose est complète. Leurs œufs, couverts d'une enveloppe membraneuse et réunis par un mucus gélatineux, se gonflent dans l'eau peu de temps après la ponte ; les petits qui en sortent n'ont point de membres ; ceux-ci ne se développent qu'ensuite et par degrés ; ils sont généralement privés d'ongles.

Les batraciens habitent les eaux et les endroits humides. M. Duméril les divise en deux familles, d'après l'absence ou la présence d'une queue chez les individus adultes ; il les nomme batraciens anoures et batraciens urodèles.

La première famille comprend les *Batra-*

ciens anoures, c'est-à-dire les batraciens sans queue ; elle correspond au grand genre grenouille (*Rana*) de Linnæus.

LES GRENOUILLES (*Rana*, Lin.),

A l'état adulte, ont quatre membres, la tête déprimée, le museau arrondi et la gueule très-fendue. Chez la plupart, la langue a son point d'attache au bord des mâchoires et se reploie en dedans. Les extrémités antérieures ont quatre doigts, les extrémités postérieures en ont cinq et quelquefois six ; mais le sixième, lorsqu'il existe, est toujours rudimentaire. Leurs côtes sont rudimentaires ; le tympan est remplacé par une plaque cartilagineuse à fleur de tête, qui indique extérieurement l'oreille. La respiration s'exécute avec le secours des muscles situés à la gorge ; celle-ci se dilate, reçoit de l'air par les narines ; la langue vient alors s'appliquer sur l'orifice interne du nez, et l'air est précipité dans les poumons par un mouvement de déglutition. Pendant cette action, la bouche demeure fermée; si on la tenait forcément ouverte, l'acte respiratoire n'aurait pas lieu et l'animal serait asphyxié.

Les grenouilles mâles se reconnaissent à leurs pouces surmontés d'un tubercule spongieux qui se gonfle au temps du frai. Ces tubercules servent à rendre plus adhérente la réunion du mâle et de la femelle. Chaque œuf est fécondé au moment même de la ponte; l'embryon qu'il renferme devient têtard. Ce têtard grossit, prend une queue et brise ses enveloppes après s'être nourri de la pulpe glaireuse qui l'entourait. Ses mâchoires sont revêtues de corne; il est privé de membres visibles à l'extérieur. D'abord il respire au moyen d'appendices branchiaux suspendus aux côtés du cou; mais vers le quinzième jour de sa naissance, les branchies disparaissent; les extrémités antérieures se montrent au dehors et ne tardent pas à être suivies des

extrémités postérieures : le développement de
ces membres avait déjà commencé sous la
peau ; enfin, après un laps de temps déterminé par les circonstances atmosphériques,
le bec tombe et laisse à découvert les mâchoires proprement dites : la queue s'efface
par degrés.

Les grenouilles se nourrissent de lombrics, d'insectes et de coquillages ; dans les
pays froids ou tempérés, elles se cachent sous
terre ou s'enfoncent dans la vase des marais ;
elles y passent, engourdies, la saison rigoureuse. On les partage en plusieurs genres,
dont les principaux sont : les grenouilles proprement dites, les rainettes, les crapauds et
les pipas.

LES GRENOUILLES PROPREMENT DITES (*Rana*, Laur.)

Ont les membres postérieurs très-longs ;
les membres antérieurs sont courts et entièrement libres ; la mâchoire supérieure est

armée d'une rangée de petites dents fines ; les mâles ont, de chaque côté du cou, une poche membraneuse qui se gonfle d'air quand ils coassent.

Ces animaux sont très-timides ; ils nagent avec facilité, se tiennent le plus ordinairement à la surface de l'eau et n'en gagnent le fond que par nécessité ; leur progression à terre ne s'exécute que par sauts ; leur chair est recherchée.

Nous en avons plusieurs espèces en France ; les plus communes sont :

La *Grenouille verte* (*Rana esculenta*, Lin.) ; d'un vert foncé, tacheté de noir ; trois raies jaunes longitudinales sur le dos ; le ventre blanchâtre, quelquefois marbré de noir.

C'est l'espèce la plus incommode par ses clameurs continues et la plus répandue dans les eaux stagnantes.

La *Grenouille rousse* (*Rana temporaria*,

Lin.); jaune-roussâtre, tachetée de noir; une bande noire partant de l'œil et passant sur l'oreille.

Cette espèce paraît la première au printemps; elle se tient plus à terre que la précédente et coasse beaucoup moins.

LES RAINETTES (*Hyla*, Laur.)

Diffèrent des grenouilles, dont elles ont les mœurs, par l'extrémité de leurs doigts élargie en une pelote visqueuse qui leur permet de grimper aux arbres.

Nous en avons une espèce, c'est:

La *Rainette commune* (*Hyla arborea*, Laur.); verte sur le dos, le ventre blanchâtre et granulé; une ligne noire et jaune de chaque côté du corps. Elle vit d'insectes.

Suivant un préjugé vulgaire, cette espèce indiquerait le beau temps ou le mauvais temps, lorsque, renfermée dans un bocal avec une petite échelle dont le pied baigne dans l'eau, elle grimpe à cette échelle ou se blottit au fond : cet instrument barométrique est inexact ; il est aisé d'en reconnaître les imperfections.

LES CRAPAUDS (*Bufo*, Laur.)

N'ont point de dents ; leur museau est plus obtus que celui des grenouilles et des rainettes ; leur tête est élargie en arrière et sur les côtés par une masse de glandes variées ; leurs membres postérieurs, presque aussi courts que les membres antérieurs, les rendent moins agiles, moins sauteurs et moins bons nageurs que les grenouilles ; ils se tiennent la plupart du temps à terre, dans les lieux sombres et humides.

Les crapauds sont des animaux d'une forme repoussante, et qui n'ont, pour se défendre, qu'une humeur blanchâtre sécrétée par des glandes sous-cutanées ; cette humeur, qu'on désigne dans bien des localités sous le nom de venin, n'est nullement malfaisante.

La France possède plusieurs espèces de crapauds; tels sont, entre autre s :

Le *Crapaud commun* (*Bufo communis*, Laur.); gris-roussâtre ou gris-brun, quelquefois olivâtre; les glandes des tempes très-développées; les membres postérieurs n'offrent qu'une demi-palmure. Dans les bois humides.

Le *Crapaud des joncs* (*Bufo calamita*, Laur.); olivâtre; une ligne jaune longitudinale sur l'épine, une ligne rougeâtre dentelée sur les flancs; le dos surmonté de tubercules arrondis; les doigts des membres postérieurs n'ont que des palmures étroites.

Ce crapaud répand une forte odeur de poudre à canon quand on l'inquiète; il court avec facilité et ne se rend à l'eau qu'à l'époque de l'accouplement. Dans les prés et les fossés humides.

Le *Crapaud accoucheur* (*Bufo obstetricans*, Laur.), ainsi nommé parce que le mâle aide la femelle à se débarrasser de ses œufs et se les attache par paquets sur les cuisses ; beaucoup plus petit que les précédents, sans aucune palmure ; le ventre blanc, le dessus du corps gris, tacheté de points noirâtres. Très-commun dans les endroits pierreux aux environs de Paris.

Le *Crapaud à ventre jaune* (*Bufo bombinus*) ; le dos brunâtre, le ventre jaune, relevé de taches d'un bleu foncé ; les membres postérieurs complétement palmés et presque aussi allongés que ceux des grenouilles.

C'est le plus petit et le plus aquatique de nos crapauds ; il habite les marais.

Cette espèce, caractérisée par son tympan

caché sous la peau, constitue le genre *Bombinator* de Merrem.

LES PIPAS (*Pipa*, Laur.)

N'ont point de langue; leur corps est déprimé, leur tête large et triangulaire; les doigts des membres antérieurs sont partagés à l'extrémité chacun en quatre petites pointes.

Toutes les espèces de ce genre sont exotiques; l'une d'elles, assez commune à Cayenne, présente une particularité de mœurs très-remarquable : lorsque la femelle a pondu ses œufs, le mâle les lui met sur le dos et les féconde. La femelle se rend alors à l'eau; la peau de son dos se gonfle et forme des cellules dans lesquelles les œufs éclosent. Les petits y passent leur état de têtard et n'en sortent qu'après avoir perdu leur queue et lorsque leurs pieds se sont développés : la mère revient à terre à cette époque.

La seconde famille comprend les *Batraciens urodèles*, c'est-à-dire les batraciens pourvus de queue ; elle renferme, entre autres genres, les salamandres, les protées et les sirènes.

LES SALAMANDRES (*Salamandra,* Brong.)

Ont la forme extérieure des lézards. Leur corps est allongé, pourvu de quatre membres et d'une queue longue ; les extrémités antérieures ont quatre doigts, les extrémités postérieures en ont cinq, tous généralement libres ; les mâchoires sont armées de petites dents nombreuses ; leur respiration est semblable à celle des grenouilles ; leur squelette ne montre que des rudiments de côtes ; les têtards respirent par trois houppes branchiales extérieures, placées de chaque côté du cou. On les divise en salamandres terrestres et en tritons ou salamandres aquatiques.

LES SALAMANDRES TERRESTRES (*Salamandra,* Laur.)

Ont la queue cylindrique à l'état adulte; elles ne se tiennent dans l'eau que pendant leur état de têtard et au moment de la ponte.

L'espèce la plus commune en France est :

La *salamandre tachetée* (*Salamandra maculosa,* Laur.); noire, à grandes taches d'un jaune vif; des glandes semblables à celles des crapauds; les flancs sont marqués de tubercules mucipares moins pressés que sur le reste de la peau; il en suinte une humeur blanchâtre et nauséabonde.

La salamandre tachetée se tient dans les lieux humides; elle vit d'insectes et de lombrics; elle fait ses petits vivants et les dépose dans les mares : ceux-ci, à l'état de têtards, sont pourvus d'appendices branchiaux; leur queue est comprimée verticalement.

Dans certaines contrées on croit encore que

cette salamandre n'est point consumée par le feu, mais ce préjugé repose sur une erreur; placée sur des charbons allumés, la salamandre peut, il est vrai, les éteindre avec son mucus, surtout si le feu n'est pas très-vif; mais pour peu qu'on entretienne le feu, elle est bientôt consumée.

LES TRITONS (*Triton*, Laur.)

Sont reconnaissables à leur queue longue et comprimée; ils passent la plus grande partie de leur existence dans l'eau. Les femelles pondent leurs œufs un à un et non point en longs chapelets, ainsi que plusieurs auteurs l'ont avancé; les jeunes tritons éclosent environ quinze jours après la ponte; lorsque l'hiver les saisit pourvus de leurs branchies, ils les conservent jusqu'au printemps.

Les tritons sont des animaux remarquables par la ténacité de leur vie et par leur force étonnante de reproduction : on connaît, à cet égard, les expériences de Spallanzani ; leurs membres se régénèrent, mais d'une manière incomplète ; suivant Dufay, ils peuvent rester plusieurs jours au milieu de la glace sans périr.

On connaît plusieurs espèces de tritons ; la plupart sont difficiles à déterminer, parce qu'elles changent de couleur selon l'âge, le sexe et la saison : les espèces de France les mieux caractérisées sont :

Le *Triton crêté* (*Triton cristatus*, Laur.) ; la peau chagrinée ; le dessus du corps brun, marqué de taches rondes, noirâtres ; le ventre orangé et tacheté de noir ; les côtés pointillés de blanc ; le mâle se reconnaît à une crête haute, découpée en dentelures aiguës, qui commence depuis la tête, et se perd sur la queue. Dans les mares.

Le *Triton palmipède* (*Triton palmipes*,

Laur.); le dos brun; le dessus de la tête vermiculé de noir; les flancs plus clairs, à taches rondes, noirâtres; le ventre blanchâtre; les membres postérieurs entièrement palmés; une crête s'étendant des épaules à la queue, celle-ci terminée par un petit filet caduque. Dans les mares des bois.

Le *Triton ponctué* (*Triton punctatus*, Laur.); la peau lisse; le dessus du corps d'un brun clair; le ventre pâle ou rouge; des taches noires et rondes partout; des raies noires longitudinales sur la tête. Dans les mares.

Le *Triton marbré* (*Triton marmoratus*, Laur.); la peau chagrinée; d'un vert pâle, marqué de larges taches brunes, irrégulières en [dessus; d'un brun verdâtre pointillé de blanc en dessous; le dos est parcouru dans sa longueur par une ligne rouge médiane qui, dans le mâle, est coupée de taches noires, et s'élève en crête assez étroite.

LES PROTÉES (*Proteus*, Laur.)

Sont des reptiles pourvus de quatre membres et de houppes branchiales qu'ils conservent toute leur vie, et par lesquelles ils respirent ainsi que par leurs poumons. Leurs mâchoires sont garnies de dents. La seule espèce connue est étrangère à la France.

LES SIRÈNES (*Siren*, Lin.),

Avec l'apareil respiratoire des protées, en diffèrent surtout par l'absence des membres postérieurs ; ils n'ont de dents qu'à la mâchoire inférieure. Toutes les espèces connues appartiennent à l'Amérique.

Dans ces derniers temps, les batraciens ont paru assez distincts des autres reptiles, pour que certains naturalistes aient cru devoir en former une classe particulière sous le nom d'Amphibiens : déjà cette division avait été faite par Linnæus dans son *Systema naturæ*.

4ᵉ CLASSE DES VERTÉBRÉS.

LES POISSONS.

—

Les poissons sont des animaux vertébrés ovipares, à circulation simple, respirant par des branchies, et organisés pour vivre dans l'eau.

En général, ils ne présentent pas de cou ni de queue distincts ; ces parties se confondent avec le reste du corps, qui est le plus souvent aplati verticalement.

Leur tête est ordinairement très-comprimée.

Les vertèbres s'unissent entre elles par des surfaces concaves, remplies de cartilages ;

dans la plupart des poissons elles sont surmontées de longues apophyses épineuses, et
présentent, en outre, de chaque côté des apophyses transverses qui se soudent souvent aux
côtes correspondantes : ces apophyses et ces
côtes sont désignées communément sous le
nom d'*arêtes*.

Les membres des poissons sont représentés
par des *nageoires*, qui existent presque toujours. Les unes sont disposées sur la ligne
médiane du dos ou du ventre, et, par suite,
sont *impaires*, les autres sont rangées par
paires sur les côtés. Les nageoires *pectorales*,
situées de chaque côté du corps, immédiatement derrière la tête, correspondent aux extrémités antérieures ; les nageoires *ventrales*,
placées à la face inférieure du corps et plus
ou moins variables dans leur position, correspondent aux extrémités postérieures; les nageoires impaires sont appelées nageoires *dorsales, anales* et *caudales,* selon qu'elles occupent la ligne médiane du dos ou qu'elles

sont situées sous la queue ou à son extrémité.

La progression des poissons s'exécute principalement à l'aide des mouvements de la queue qui frappe alternativement l'eau à droite et à gauche ; les nageoires impaires ont pour but de faciliter le jeu de cette espèce de rame, les nageoires paires servent à diriger la progression et à maintenir l'animal en équilibre.

Chez un grand nombre de poissons on trouve dans l'abdomen, sous l'épine dorsale, une *vessie natatoire* remplie d'air, au moyen de laquelle ces animaux peuvent changer leur pesanteur spécifique, c'est-à-dire se rendre à volonté plus légers, plus lourds ou aussi pesants que l'eau, selon qu'ils veulent monter ou descendre, ou bien rester en équilibre. Par la compression des côtes, l'air renfermé dans la vessie se trouve condensé, le poisson diminue de volume et s'enfonce ; par la dilatation des côtes, au contraire, l'air contenu dans la vessie occupe un plus grand espace, le poisson augmente de volume et s'élève ainsi vers la surface; pour se maintenir en équilibre, il comprime plus ou moins sa vessie natatoire, de manière que son corps atteigne une pesanteur spécifique égale à celle du milieu dans lequel il est plongé.

La peau des poissons est quelquefois nue, mais, en général, elle est revêtue d'écailles de couleur et de forme variées et s'imbriquant ordinairement comme les tuiles d'un toit ; il en résulte que le sens du toucher est presque nul chez ces animaux.

Le sens du goût est très-peu développé dans les poissons, leur langue est le plus souvent osseuse et garnie de dents ; la plupart avalent leurs aliments sans les mâcher.

Les narines consistent en de simples fossettes creusées au bout du museau et tapissées à l'intérieur d'une membrane pituitaire plissée très-régulièrement.

Les poissons n'ont point de paupières ; leurs yeux sont gros et leur cristallin est sphérique, conformation qui augmente le pouvoir réfringent de l'œil, et parfaitement en rapport avec la densité du milieu dans lequel vivent ces animaux.

Ils n'ont pas d'oreille extérieure ; on pense que les sons leur sont transmis par les ébranlements de l'eau.

La respiration s'effectue par un mécanisme particulier : les poissons avalent l'eau et en séparent l'air qui s'y trouve dissous ; l'eau entre dans la bouche, et, par un mouvement de déglutition, arrive à des feuillets revêtus de membranes et rangés les uns à côté des autres, c'est-à-dire aux *branchies*. En général, il en existe quatre des deux côtés de la bouche, formées chacune de deux rangées de lamelles simples ou ramifiées, fixées par leur base dans toute leur étendue ; tantôt ces organes sont couverts par une plaque osseuse, mobile, nommée *opercule*, composée ordinairement de trois pièces jointes entre elles et se mouvant sur une quatrième appelée *préo-*

percule. A mesure que le poisson ouvre la bouche, l'opercule se soulève, et l'eau, après avoir baigné les branchies, s'échappe par une ouverture connue sous le nom d'*ouïe* : dans les poissons où les branchies ne sont fixées que par la base, une seule ouverture se présente de chaque côté du cou ; chez ceux où les branchies sont fixées dans toute leur étendue, il existe autant d'ouvertures pour la sortie de l'eau, qu'il y a d'espaces interbranchiaux.

Le cœur n'a qu'un seul ventricule et qu'une seule oreillette. Il chasse le sang dans les vaisseaux des branchies ; l'eau qui les abreuve cède une partie de l'air qu'elle tient en dissolution, alors le sang devient rouge de noir qu'il était, et se rend dans un tronc artériel situé sous l'épine dorsale, qui l'envoie dans toutes les parties du corps, d'où il revient au cœur par les veines.

La plupart des poissons sont carnassiers, aussi sont-ils armés généralement de dents nombreuses qui garnissent les mâchoires, le palais, la langue et même l'arrière-bouche; un petit nombre se nourrit de matières végétales.

Le mâle, en général, féconde les œufs après qu'ils ont été pondus; quelquefois cependant ceux-ci sont fécondés avant le part, et éclosent dans le corps même de leur mère, ce qui les fait ainsi paraître vivipares.

D'après la considération du squelette, la classe des poissons se partage en deux grandes séries : les poissons osseux et les poissons cartilagineux.

1re SÉRIE DES POISSONS.

LES POISSONS OSSEUX.

—

Ces poissons sont caractérisés par leur sque-

lette de consistance osseuse et par leur crâne
qui est toujours divisé par des sutures. Ils renferment quatre ordres : les acanthoptérygiens,
les malacoptérygiens, les lophobranches et les
plectognathes.

Premier ordre.

Les Acanthoptérygiens.

Les acanthoptérygiens se reconnaissent
à leur nageoire dorsale dont les premiers
rayons sont épineux ; lorsqu'ils ont deux
dorsales, les rayons épineux soutiennent
seuls la première nageoire ; quelquefois, au
lieu d'une première dorsale, ils n'ont que
des épines entièrement libres : chaque nageoire ventrale offre en général un rayon

osseux; l'anale présente aussi quelques épines pour premiers rayons.

L'ordre des acanthoptérygiens forme le groupe le plus considérable de toute la classe; le grand nombre de poissons qu'il comprend, unis entre eux par des rapports multipliés, ont été répartis en seize familles naturelles; les principales sont : les percoïdes, les mules, les joues cuirassées, les sciénoïdes, les sparoïdes, les scombéroïdes, les tænioïdes, les mugiloïdes, les gobioïdes, les lophioïdes ou pectorales pédiculées, les labroïdes et les bouches en flûte.

—

Famille des Percoïdes.

Les percoïdes ont le corps oblong et revêtu d'écailles ordinairement grandes; leur bouche est garnie de dents sur le vomer et généralement aussi sur les os palatins, sur les mâchoires et au-devant du gosier; leurs opercules sont dentelés ou armés d'épines; leurs nageoires existent toujours au nombre de sept ou huit. Ces animaux sont très-voraces.

D'après la considération des nageoires, cette famille a été subdivisée en trois tribus, savoir : les percoïdes thoraciques, les percoïdes jugulaires et les percoïdes abdominales.

Les percoïdes thoraciques ont, ainsi que leur nom l'indique, les nageoires ventrales insérées sous les nageoires pectorales ; elles constituent deux principaux groupes : les unes ont cinq rayons mous à la nageoire ventrale ; les autres en ont sept.

Au premier groupe, caractérisé en outre par sept rayons branchiostéges, c'est-à-dire recouvrant les branchies, appartiennent les perches, les bars et les sandres.

LES PERCHES (*Perca*, Cuv.)

Forment le type de la famille; leurs opercules sont dentelés et épineux ; leur langue est lisse.

Nous en avons une espèce dans nos rivières, c'est :

La *Perche commune* (*Perca fluviatilis*, Lin.) ; le corps d'un vert doré et marqué de bandes transverses noirâtres; les nageoires ventrales et anales d'une belle couleur rouge. Cette espèce se tient de préférence dans les eaux courantes et peu profondes ; sa chair est estimée.

LES BARS (*Labrax*)

Différent des perches principalement par leur langue, qui est hérissée d'aspérités.

L'espèce la plus répandue sur nos côtes, dans la Méditerranée, est

Le *Bars ordinaire* (*Labrax perca*), connu des pêcheurs sous le nom de *Loup* ; le corps argenté, les nageoires rougeâtres. Les anciens s'étaient attachés à rendre sa voracité cruelle. C'est un excellent poisson.

LES SANDRES (*Lucio-perca*, Cuv.)

Ont la tête totalement dépourvue d'écailles et la gueule armée de dents pointues et écartées, caractère qui leur a fait donner le nom de *lucio-perca* (brochet-perche).

L'espèce répandue dans les fleuves et les lacs du nord et de l'est de l'Europe a le dos marqué de dix à douze bandes brunes transversales.

Les percoïdes jugulaires se composent de toutes les percoïdes dont les nageoires ventrales sont attachées sous la gorge en avant des nageoires pectorales. C'est à cette tribu qu'il faut rapporter

LES VIVES (*Trachinus*, Lin.),

Remarquables par leur tête comprimée et

par leur opercule surmonté d'une forte épine; deux petites épines occupent le devant de chaque œil.

L'espèce commune sur nos côtes est

La *Vive ordinaire* (*Trachinus draco*, Lin.); le corps d'un brun jaunâtre, la première dorsale noire. Cette espèce, ainsi que ses congénères, s'enfonce généralement dans le sable; les blessures faites avec les aiguillons de leur première nageoire dorsale sont très-douloureuses.

Une troisième tribu renferme les percoïdes abdominales, c'est-à-dire celles dont les nageoires ventrales sont placées derrière les pectorales.

—

Famille des Mulles.

Les mulles diffèrent de la famille des percoïdes par leur mâchoire inférieure pourvue de deux longs barbillons; leur tête et leur corps sont revêtus d'écailles larges et peu adhérentes; la plupart ont le corps plus ou moins rouge ou jaune.

C'est à cette famille qu'il faut rapporter deux espèces communes sur nos côtes :

Le *Rouget* (*Mullus barbatus*, Lin.); le dos d'un rouge vif, le ventre argenté. Dans la Méditerranée. Sa chair est très-estimée.

On sait la passion ridicule des Romains pour ces poissons; ils en nourrissaient dans de petits ruisseaux qu'ils amenaient jusque sous leurs tables, et prenaient un cruel plaisir à observer les nuances variées que ces animaux revêtaient en mourant : Suétone rapporte que, sous Tibère, trois mulles furent payées jusqu'à 30,000 sesterces (5,844 fr.).

Le *Surmulet* (*Mullus surmuletus*, Lin.); marqué de raies jaunes longitudinales. Le surmulet, plus grand et moins recherché que le précédent, habite de préférence l'Océan.

Ces deux espèces font partie des *Mulles proprement dits* (*Mullus*), caractérisés par trois rayons branchiostéges, par leur opercule dépourvu d'épines, et par l'absence de vessie natatoire. Les autres espèces du genre, étrangères aux mers d'Europe, se rencontrent surtout dans la mer des Indes.

—

Famille des Joues cuirassées.

Les poissons de cette famille, ainsi que leur nom l'indique, empruntent leurs principaux caractères de l'armure ou cuirasse qui défend leur tête; les os sous-orbitaires vont s'unir au préopercule, et garantissent toute la joue:

Prinsipaux genres : les trigles, les dactyloptères, les chabots, les scorpènes et les épinoches.

LES TRIGLES (*Trigla*, Lin.)

Sont les mieux cuirassés de toute la famille; la forme de leur tête est presque cubique ; dépourvus de rayons épineux libres en avant de la nageoire dorsale, ils en ont trois sous la nageoire pectorale ; les deux nageoires dorsales sont distinctes ; leurs mâchoires sont armées de dents en velours ; la plupart, quand on les prend, font entendre des sons, qui leur ont valu le nom vulgaire de *grondins, gronaux*, sous lequel on les connaît dans nos ports et sur les marchés.

Nous en avons plusieurs espèces sur nos côtes, parmi lesquelles :

Le *Grondin* (*Trigla cuculus*, Lin.); de couleur rouge, le museau échancré, une tache noire à la première dorsale. C'est le plus commun dans nos marchés et celui dont la chair est préférée ; on le désigne souvent sous le nom de *Rouget*.

Le *Perlon* (*Triga hirundo*, Lin.) ; brun, le museau arrondi, les nageoires pectorales noires.

Le *Gronau* (*Triga lyra*, Lin.) ; rouge, le museau partagé en deux lobes dentelés.

LES DACTYLOPTÈRES (*Dactylopterus*, Lacép.).

Ces poissons, désignés vulgairement sous les noms de poissons volants, d'hirondelles de mer, sont caractérisés par leurs nageoires pectorales qui forment des espèces d'ailes et les soutiennent pendant quelques instants dans l'air, lorsqu'ils s'élancent hors de l'eau pour fuir les poissons qui les poursuivent. Leur museau est comme fendu en bec de lièvre.

L'espèce si répandue dans la Méditerranée et dans l'Océan est

Le *Dactyloptère commun* (*Dactylopterus volitans*) ; le corps rougeâtre, les nageoires pectorales brunes, tachetées de bleu.

LES CHABOTS (*Cottus*, Lin.)

Ont la tête sensiblement déprimée ; leur dorsale épineuse est entièrement distincte de la nageoire dorsale postérieure.

Nous en avons une espèce dans nos ruisseaux, c'est :

Le *Chabot ordinaire* (*Cottus gobio*, Lin.).
Les pêcheurs le désignent sous le nom trivial de *Meunier*.

LES SCORPÈNES (*Scorpena*)

Diffèrent des chabots par leur tête comprimée, plus grosse, plus épineuse, et par leur nageoire dorsale unique.

On trouve abondamment dans la Méditerranée :

Le *Scorpion de mer* (*Scorpena scorpius*) ; le corps marbré de gris et de brun, une épine au-devant de chaque œil, deux fortes épines à l'opercule et aux os de l'épaule.

Cette espèce, remarquable par son aspect repoussant, est très-redoutée des pêcheurs, à cause de ses épines : on l'appelle aussi *Diable de mer*, *Crapaud de mer*.

LES ÉPINOCHES (*Gasterosteus*, Lin.)

Ont les épines dorsales libres ; les nageoires ventrales sont soutenues chacune par une forte épine : leur tête n'est point épineuse ou tuberculeuse, comme dans les genres précédents.

Nous en avons deux espèces en France dans les mares et les ruisseaux :

L'*Epinoche commun* (*Gasterosteus aculeatus*, Lin.) ; le dos surmonté de trois épines ; les écailles latérales occupent presque toute la largeur des flancs ;

L'*Epinochette* (*Gasterosteus pungitius*, Lin.) ; le dos armé de huit ou neuf épines ; point d'écailles latérales : c'est le plus petit de nos poissons d'eau douce.

Dans certains pays, les épinoches se multiplient quelquefois en si grand nombre, qu'on les emploie à fumer les terres.

—

Famille des Sciénoïdes.

La famille des sciénoïdes diffère des percoïdes par l'absence de dents au vomer et aux palatins ; la disposition des naseaux et des sous-orbitaires, qui sont renflés et caverneux, rend bombé le museau de ces poissons.

C'est au genre *Sciène* (*Sciœna*) qu'il faut rapporter

Le *Maigre* (*Sciœna aquila*, Cuv.); gris-argenté. Sa chair est excellente. Dans la Méditerranée.

—

Famille des Sparoïdes.

Les poissons de cette famille n'ont ni le museau bombé, ni l'opercule épineux. Leur bouche n'est pas protractile : on les a répartis en quatre tribus.

La première tribu se reconnaît aux dents molaires rondes en forme de pavé qui bordent chacun des côtés de la mâchoire.

A cette tribu appartiennent les sargues et les dorades.

LES SARGUES (*Sargus,* Cuv.)

Ont, en avant des mâchoires, des dents incisives comparables à celles de l'homme.

Nous en avons une espèce dans la Méditerranée et le golfe de Gascogne, c'est :

La *Sargue ordinaire* (*Sargus communis*); le corps argenté, orné de raies jaunes longitudinales et bordé en travers de noir. Sa chair est de médiocre qualité.

LES DORADES (*Chrysophris*)

Ont, en avant des mâchoires, plusieurs dents coniques placées sur une même rangée.

L'espèce renommée pour la délicatesse de sa chair est :

La *Dorade vulgaire* (*Chrysophris aurata*); de couleur dorée, le dos bleuâtre. Très-commun dans la Méditerranée.

La seconde tribu, caractérisée par les mâchoires armées, en avant, de quelques grands crochets, et, sur les côtés, d'une rangée de dents coniques, renferme le genre Denté (*Dentex*, Cuv.).

Nous en avons une espèce sur les côtes de la Méditerranée, c'est :

Le *Denté vulgaire* (*Dentex vulgaris*); le corps argenté, les nageoires d'un rouge plus ou moins vif. On en fait des salaisons.

La troisième tribu se reconnaît aux dents en velours qui règnent au bord des mâchoires. L'espèce la plus commune de ce groupe est:

Le *Canthère ordinaire* (*Cantharus vulgaris*); le corps gris-argenté, marqué de longues raies jaunâtres.

Enfin, la quatrième tribu se distingue de

toutes les autres par la présence d'une rangée extérieure de dents tranchantes.

C'est à ce groupe qu'il faut rapporter le genre Bogue (*Boops*, Cuv.), dont la Méditerranée nourrit une espèce très-estimée :

Le *Bogue ordinaire (Boops vulgaris)* ; le corps d'un gris argenté, rayé de brun et de doré.

Famille des Scombéroïdes.

La plupart des poissons de cette famille ont les écailles petites, souvent même difficiles à distinguer ; une partie de leur peau est lisse, leurs opercules sont dépourvus d'épines et de dentelures ; leurs nageoires dorsales et anale sont quelquefois protégées en avant par des écailles, mais jamais elles n'en sont complète-ment revêtues : la membrane qui unit les rayons en arrière est généralement frêle ; dans quelques genres même elle disparaît, et les rayons postérieurs de la deuxième nageoire dorsale et de l'anale, demeurant indépendants les uns des autres, constituent ce que l'on nomme les *fausses nageoires ;* leur queue et leur nageoire caudale sont généralement très-robustes.

La famille des scombéroïdes, la plus importante de l'ordre des acanthoptérygiens par les excellents poissons qu'elle renferme, et qui, chaque année, arrivent en légions innombrables sur nos côtes, forme plusieurs tribus.

La première tribu, caractérisée par la première nageeoire dorsale continue, comprend, entre autres genres, les maquereaux, les thons et les germons.

LES MAQUEREAUX (*Scomber*, Lin.)

Ont la deuxième nageoire dorsale assez

éloignée de la première; leur queue est sur-montée sur les côtés de deux petites crêtes.

L'espèce célèbre par les pêches considé-rables auxquelles elle donne lieu chaque an-née est :

Le *Maquereau commun* (*Scomber scom-brus*, Lin.); le dos bleu, marqué de petites raies noires; cinq fausses nageoires en haut et en bas. Les maquereaux paraissent en troupes sur nos côtes vers le mois d'avril, mais ce n'est que pendant les mois de juin et de juillet qu'ils sont très-communs, et que leur chair acquiert toute sa délicatesse. On les pêche à la ligne ou avec des filets. La Médi-terranée en nourrit encore une autre espèce.

Le *Petit maquereau* (*Scomber pneumato-phorus*, Laroche); semblable au précédent, mais moins volumineux. Cette espèce est pour-vue d'une vessie natatoire, qui n'existe pas chez le maquereau commun.

LES THONS. (*Thynnus*)

Diffèrent du genre précédent par la première dorsale, qui se prolonge jusque près de la seconde ; par leurs fausses nageoires plus nombreuses, et par une sorte de corselet formé d'écailles plus grandes et moins lisses que celles du reste du corps.

Principales espèces :

Le *Thon commun* (*Thynnus vulgaris*) ; le dos de couleur bleuâtre, le ventre grisâtre, orné de taches argentées.

Cette espèce habite principalement la Méditerranée ; on sait avec quelle ardeur les anciens se livraient à la pêche de ces poissons. De nos jours elle est encore une source de richesses sur les côtes de la Provence, de la Sardaigne et de l'Italie.

La pêche du thon a lieu de deux manières :

à la thonaire ou à la madrague. On appelle
thonaire une enceinte de filets que l'on tend
sur la côte pour arrêter une bande de thons
que des sentinelles placées sur un lieu élevé
ont signalée. L'intérieur de cette enceinte se
trouve rétrécie successivement par d'autres
filets flottés à leur partie supérieure, et chargés de pierres dans leur partie inférieure.
Lorsque l'espace compris entre la côte et
ceux-ci est devenu très-petit, on amène les
thons à terre avec un nouveau filet qui se
termine en cul-de-sac, et porte le nom de
bouclier.

La pêche à la *madrague* est plus usitée. Cette
madrague est un grand parc établi avec des
filets à demeure dans la mer pendant la saison
de la pêche. Son enceinte est partagée en
plusieurs chambres, dont la grandeur diminue
à mesure qu'elles s'éloignent de l'ouverture.
Tous les filets sont flottés et lestés comme la
thonaire ; ils sont en outre maintenus en place
par des cordages attachés à des ancres. L'ou-

verture de la madrague est très-élargie au moyen de deux filets divergents ; un autre filet perpendiculaire s'étend jusqu'au rivage, et arrête les thons dans leurs passages périodiques à cette époque. Ces poissons suivent la côte ; trouvant le chemin barré par le filet perpendiculaire, ils se détournent et entrent dans les diverses chambres ; lorsqu'ils sont arrivés dans la dernière, que l'on nomme *corpou* ou *chambre de mort*, ils se trouvent accumulés dans un espace très-étroit ; on soulève alors un filet horizontal placé au-dessous d'eux, et destiné à les amener à la surface ; là, les pêcheurs les tuent et en chargent leurs barques. Outre leur chair, qui est très-estimée, les thons fournissent encore une huile dont les corroyeurs font usage.

La *Bonite* (*Thynnus sarda*) ; le dos bleu, rayé obliquement de noir. Sa chair est estimée.

LES GERMONS (*Orcynus*, Cuv.)

S'éloignent des thons par la longueur de leurs nageoires pectorales qui dépassent l'anus.

L'espèce commune dans le golfe de Gascogne, depuis le mois de juin jusqu'à la fin de septembre, est le Germon alalonga (*Orcynus alalonga*). Elle y arrive en troupes nombreuses à la suite des anchois et des sardines. Sa pêche forme un objet de commerce très-important.

La seconde tribu des scombéroïdes réunit les poissons dont la mâchoire supérieure, semblable à une lame d'épée, se prolonge bien au-delà de la mâchoire inférieure, et leur sert d'arme puissante ; leur corps est allongé et arrondi.

A cette tribu appartiennent les espadons proprement dits et les voiliers.

LES ESPADONS PROPREMENT DITS (*Xiphias*, Lin.)

N'ont point de nageoires ventrales.

On n'en connaît qu'une seule espèce :

L'*Espadon commun* (*Xiphias gladius*, Lin.) ; le museau déprimé et tranchant comme une lame d'épée.

C'est un des bons poissons de la Méditerranée ; il atteint quelquefois plus de quinze pieds de longueur.

LES VOILIERS (*Istiophorus*, Lacép.)

Sont pourvus de nageoires ventrales ; leur nageoire dorsale antérieure est très-longue et très-élevée ; ils s'en servent comme d'une voile pour prendre le vent quand ils nagent à la surface. Ces poissons habitent les mers des tropiques.

La troisième tribu des scombéroïdes se reconnaît aux épines libres de la première nageoire dorsale ; c'est là qu'il faut placer l'espèce célèbre parmi les navigateurs :

Le *Pilote* (*Naucrates ductor*) ; de la grosseur du maquereau, le corps bleuâtre, à larges bandes transverses, d'un bleu foncé : on lui attribue l'instinct singulier de suivre les navires et de nager au-devant du requin pour lui indiquer sa proie.

La quatrième tribu, désignée sous le nom général de *Vomer*, comprend les scombéroïdes dont le corps, très-comprimé, n'offre pas d'écailles apparentes.

A cette tribu appartiennent, entre autres genres, les Dorées et les Coryphènes.

LES DORÉES (*Zeus*, Lin.)

Ont les mâchoires très-protractiles, de longs filaments membraneux derrière chaque épine dorsale.

La Méditerranée et l'Océan en nourrissent une espèce.

La *Dorée commune* (*Zeus faber*, Lin.),

plus généralement connue sous le nom de *poisson Saint-Pierre* ; le corps jaune, marqué d'une tache noire sur les flancs. Sa chair est très-estimée.

LES CORYPHÈNES (*Coriphœna*, Lin.)

Ont le front tranchant ; une nageoire dorsale unique, en partie épineuse, occupe tout le long de leur dos.

L'espèce célèbre par la chasse qu'elle donne, en grandes troupes, aux poissons volants, est :

Le *Coryphène commun* (*Coriphœna hippurus*, Lin.) ; d'un bleu argenté, tacheté de jaune ; la plupart de ses nageoires sont jaunes. On le rencontre dans les mers des pays chauds et dans les mers tempérées. Les navigateurs l'appellent *Dorade*.

—

Famille des Tœnioïdes,

Ou des Poissons en rubans.

Les poissons de cette famille empruntent leur nom de la forme de leur corps, qui est très-allongé et très-comprimé. Une nageoire unique règne tout le long de leur dos.

D'après la considération des mâchoires, on les partage en deux tribus.

Les uns ont le museau allongé et la gueule fendue, telles sont les Jarretières et les Ceintures.

LES JARRETIÈRES (*Lepidophus*, Gouan).

Les nageoires ventrales, dans ce genre, sont représentées par deux petites écailles pointues et mobiles.

L'espèce commune dans nos mers est le *Lepidophus caudatus* des auteurs; son corps est d'une belle couleur d'argent; elle atteint plus de quatre pieds de longueur.

LES CEINTURES (*Trichiurus*, Lin.)

N'ont ni ventrales ni anale ; leur queue est terminée par un filet grêle.

Les autres tænioïdes ont le museau court et la gueule peu fendue ; à ce genre appartiennent les gymnètres.

LES GYMNÈTRES (*Gymnetrus*, Bloch)

Sont dépourvus de nageoire anale ; leurs ventrales sont très-longues.

Principale espèce :

Le *Gymnètre cépédien* (*Gymnetrus cepedianus*, Risso) ; le corps argenté et marqué de quelques taches noires ; les nageoires rouges. Dans la Méditerranée.

Famille des Mugiloïdes.

Les mugiloïdes ont la tête déprimée, large ; la bouche fendue transversalement et garnie de dents extrêmement petites ; le corps presque cylindrique et revêtu de larges écailles ; deux nageoires dorsales courtes et séparées l'une de l'autre ; les ventrales sont insérées en arrière des pectorales.

Les poissons de cette famille ont tous été réunis en un seul genre, celui des muges (*Mugil*, Lin.).

Nous en avons plusieurs espèces sur nos côtes méditerranées, savoir :

Le *Muge cephalo* (*Mugil cephalus*, Lin.) ; de couleur grise, rayé longitudinalement de brunâtre ;

Le *Muge doré* (*Mugil auratus*, Risso) ; le corps gris, rayé de jaune. Leur chair est estimée.

Famille des Gobioïdes.

Les poissons de cette famille sont caractérisés par leurs épines dorsales grêles et flexibles ; c'est à cette famille qu'on rapporte les blennies, les anarrhiques et les gobous.

LES BLENNIES OU BAVEUSES (*Blennius*, Lin.).

Les blennies ont les nageoires ventrales placées en avant des nageoires pectorales et formées seulement de deux rayons ; elles n'ont qu'une seule dorsale ; la vessie natatoire n'existe chez aucune d'elles. Leur peau est enduite d'une mucosité qui leur a fait donner le nom de baveuses. Ces animaux vivent en petites troupes parmi les roches du rivage ; plusieurs d'entre eux sont vivipares.

Nous en avons plusieurs espèces sur nos côtes, parmi lesquelles :

La *Blennie ocellaire* (*Blennius ocellaris*, Bl.);

Et la *Blennie cornue* (*Blennius cornutus*, Lin.).

LES ANARRHIQUES (*Anarrhicas*, Lin.)

N'ont point de nageoires ventrales; leur dentition en fait des animaux redoutables.

L'espèce commune, désignée sous le nom de :

Loup marin (*Anarrichas lupus*, Lin.), est de couleur brune; son corps est marqué de bandes nuageuses plus foncées.

Le loup marin habite particulièrement les mers du Nord. Les Islandais le mangent sec et salé; ils emploient sa peau en guise de chagrin, et font usage de son fiel comme de savon.

LES GOBOUS (*Gobius*, Lin.).

Les gobous, nommés aussi *Boulereaux*,

Gougeons de mer, sont caractérisés par leurs nageoires ventrales attachées en avant des pectorales, et réunies, soit dans toute leur longueur, soit vers leurs bases, en un disque creux simulant plus ou moins un entonnoir.

Nous en avons deux espèces sur nos rivages de l'Océan.

Le *Boulereau noir* (*Gobius niger*, Lin.); le corps brun-noirâtre.

Le *Boulereau blanc* (*Gobius minutus*, Lin.); le corps fauve-pâle, les nageoires blanchâtres, rayées transversalement de lignes fauves.

—

Famille des Lophioïdes, ou des Pectorales pédiculées.

Les poissons de cette famille se reconnaissent tout d'abord à leurs nageoires pectorales

que supportent deux espèces de bras formés
par les os du carpe, particularité qui leur a
valu le nom de pectorales pédiculées.

Principal genre :

LES BAUDROIES (*Lophius,* Cuv.).

Les baudroies, appelées communément raies
pêcheresses, ont la tête déprimée et très-
large, la gueule très-fendue et armée de dents
pointues, la mâchoire inférieure garnie de
nombreux barbillons ; leur peau est dépourvue
d'écailles ; elles ont deux nageoires dorsales
distinctes et quelques rayons libres et mobiles sur la tête ; la membrane des ouïes
forme un cul-de-sac ouvert dans l'aisselle ;
leur squelette est presque cartilagineux.

Ce sont des poissons hideux ; ils se tiennent
dans la vase, et l'on croit qu'en faisant jouer
les rayons de leur tête, ils attirent les petits
poissons comme vers un appât et s'en emparent.

L'espèce répandue sur nos côtes est la *Baudroie commune* (*Lophius piscatorius*, Lin.) ; elle atteint quatre à cinq pieds de longueur.

—

Famille des Labroïdes.

Cette famille comprend tous les acanthoptérygiens qui ont les mâchoires revêtues de lèvres charnues, dont le corps, oblong et écailleux, n'a qu'une seule nageoire dorsale, soutenue antérieurement par de fortes épines garnies le plus souvent de lambeaux membraneux, et dont les os pharyngiens, au nombre de trois, sont armés de dents vigoureuses.

A cette famille appartiennent les labres, les girelles, les filous et les chromis.

LES LABRES (*Labrus*, Lin.)

Sont caractérisés par leurs doubles lèvres, dont l'une tient immédiatement aux mâchoires et l'autre aux sous-orbitaires ; leurs opercules ont cinq rayons et sont couverts d'écailles ainsi que leurs joues ; leurs dents maxillaires sont coniques, leurs dents pharyngiennes sont cylindriques et mousses ; leur ligne latérale est presque droite.

L'espèce répandue dans la mer du Nord est

La *Vieille* (*Labrus vetula*, **Bl.**) ; le corps varié d'orangé et de bleu.

LES GIRELLES (*Julis*, Cuv.)

Diffèrent des labres par leur tête dépourvue d'écailles et par leur ligne latérale [1], qui est fortement coudée.

L'espèce commune dans la Méditerranée est :

La *Girelle ordinaire* (*Julis labrus*) ; le corps

[1] On appelle *ligne latérale*, en ichthyologie, la série de pores qui occupe toute la longueur du corps des poissons.

de couleur violette, relevée de chaque côté par une bande en zigzag d'un bel orangé.

LES FILOUS (*Epibulus*, Cuv.)

Ont la propriété singulière d'étendre leur bouche et de la transformer subitement en une espèce de tube dont ils se servent pour saisir au passage les petits poissons.

L'espèce commune (*Spibulus insidiator*) habite la mer des Indes.

LES CHROMIS,

Semblables aux labres par plusieurs caractères, s'en éloignent par leurs dents en velours aux mâchoires et au pharynx.

L'espèce si commune sur les côtes de la Méditerranée est

Le *petit Castagneau* (*Chromis sparus*); son corps est d'un brun châtain.

Famille des Bouches en flûte.

Chez les poissons de cette famille, les os de la face forment, en avant du crâne, un long tube à l'extrémité duquel la bouche vient s'ouvrir : de là leur nom caractéristique.

Ils constituent deux tribus : les fistulaires et les centriques.

LES FISTULAIRES (*Fistularia*, Lin.)

Ont le corps cylindrique ; leur bouche est fendue dans une direction presque horizontale ; leurs ouïes ont cinq ou six rayons.

LES CENTRIQUES (*Centriscus*, Lin.)

Ont le corps ovale ou oblong, comprimé et tranchant en dessous. Ces poissons portent le nom vulgaire de Bécasses de mer.

Deuxième ordre.

—

Les Malacoptérygiens.

L'ordre des malacoptérygiens renferme les poissons osseux dont tous les rayons sont mous et articulés, à l'exception quelquefois du premier rayon de la nageoire dorsale ou des nageoires pectorales. D'après la considération des nageoires ventrales, on les a répartis en trois grandes divisions.

PREMIÈRE DIVISION.

Les Malacoptérygiens abdominaux.

Les malacoptérygiens abdominaux, ainsi que leur nom l'indique, sont caractérisés par leurs nageoires ventrales insérées sous l'abdomen, en arrière des nageoires pectorales ;

ils forment cinq familles : les cyprinoïdes, les
ésoces, les siluroïdes, les salmones, et les
clupes.

Famille des Cyprinoïdes.

Les cyprinoïdes ont la bouche peu fendue,
les mâchoires faibles, ordinairement privées
de dents et dont le bord est formé par les os
intermaxillaires ; les os pharyngiens sont vigoureusement armés ; leurs rayons branchiostéges sont peu nombreux ; leur corps est écailleux ; il manque de nageoire dorsale adipeuse,
c'est-à-dire de nageoire formée d'un repli de
la peau, dépourvue de rayons et remplie d'un
tissu graisseux : ce sont les moins carnassiers
des poissons.

La famille des cyprinoïdes constitue deux
groupes distincts : les cyprins et les loches.

Les cyprins se reconnaissent à leurs mâchoires dépourvues de dents et à leurs ouïes

munies seulement de trois rayons plats; leur langue et leur palais sont lisses; ce dernier est garni d'un bourrelet gélatineux, désigné vulgairement sous le nom de langue de carpe; ils n'ont qu'une seule nageoire dorsale; leur corps est revêtu d'écailles généralement grandes. A ce groupe appartiennent entre autres : les carpes, les barbeaux, les goujons, les tanches, les brêmes et les ables.

LES CARPES (*Cyprinus*, Cuv.)

Ont la nageoire dorsale longue et armée, ainsi que l'anale, d'une épine dentelée pour deuxième rayon.

Les unes ont des barbillons aux angles de la mâchoire supérieure; telle est :

La *Carpe vulgaire* (*Cyprinus carpio,* Lin.); le dos d'un vert olivâtre, le ventre jaune doré. Cette espèce habite de préférence les eaux tranquilles; l'hiver, elle s'enfonce dans la vase et passe toute la saison rigoureuse sans prendre de nourriture. Elle est depuis long-temps célèbre par sa longévité.

Les autres manquent de barbillons, telle est l'espèce répandue dans tous les bassins de l'Europe, à cause de l'éclat de ses couleurs :

La *Dorade de la Chine* (*Cyprinus auratus*, Lin.) ; le corps d'un beau rouge doré. On en trouve de noirâtres et d'argentés.

LES BARBEAUX *(Barbus, Cuv.)*

Se reconnaissent à la brièveté de leurs nageoires dorsales et anales.

Nous en avons une espèce en France, c'est :

Le *Barbeau commun* (*Barbus communis*); caractérisé par sa tête oblongue. Il n'est pas rare dans les eaux claires et vives ; il atteir parfois plus de dix pieds de longueur.

LES GOUJONS (*Gobio*, Cuv.)

Diffèrent des barbeaux dont ils ont les nageoires dorsale et anale courtes, par l'absence d'épines à l'une et à l'autre ; ils sont munis de barbillons.

L'espèce répandue dans nos rivières est :

Le *Goujon vulgaire* (*Gobio vulgaris*) ; les nageoires tachetées de brun ; il vit en troupes. Sa chair est estimée.

LES TANCHES (*Tinca*, Cuv.)

S'éloignent des goujons par leurs écailles et leurs barbillons qui sont très-petits.

Nos eaux stagnantes nourrissent :

La *Tanche commune* (*Tinca communis*) ; le corps d'un brun jaunâtre, quelquefois de couleur dorée.

LES BRÈMES (*Abramis*, Cuv.)

N'ont ni épines ni barbillons ; leur nageoire

dorsale, courte, est attachée en arrière des ventrales; leur anale est longue.

Nous en avons deux espèces :

La *Brême commune* (*Abramis communis*); vingt-neuf rayons à l'anale, toutes les nageoires de couleur obscure; sa chair est estimée. Elle se multiplie très-aisément.

La *Petite Brême* (*Abramis blicca*); vingt-quatre rayons à l'anale, les nageoires pectorales et ventrales rougeâtres; sa chair est de médiocre qualité; on ne l'élève dans les viviers que pour nourrir les autres poissons.

LES ABLES (*Lenciscus*, Klein)

Sont caractérisés par la brièveté de leurs nageoires dorsale et anale et par l'absence d'épines et de barbillons. Ces poissons sont désignés vulgairement sous le nom de poissons blancs.

Les espèces les plus communes en France sont :

Le *Meunier* (*Lenciscus dobula*) ; la tête large, le museau rond, les nageoires pectorales et ventrales rouges.

La *Rosse* (*Lenciscus rutilus*) ; les nageoires rouges, la dorsale placée vis-à-vis des ventrales.

L'*Ablette* (*Lenciscus alburnus*) ; le corps argenté ; les nageoires pâles, la mâchoire inférieure proéminente.

C'est l'espèce dont on retire la substance nacrée, connue sous le nom d'*essence d'Orient* et employée dans la fabrication des fausses perles.

Pour se procurer l'essence d'Orient, on écaille l'ablette au-dessus d'un vase d'eau pure. On jette la première eau souillée ordinairement par le sang et les matières muqueuses qui s'échappent du corps de l'animal ; on lave ensuite les écailles à grande eau dans un tamis très-clair au-dessus du vase : l'essence d'Orient passe seule et se précipite au fond de l'eau, sous la forme d'une masse épaisse, d'un blanc-bleuâtre très-brillant. Cette matière existe non-seulement à la base des écailles dans l'ablette, mais encore dans l'abdomen et la poitrine : son estomac et ses intestins en sont revêtus intérieurement ; dans les grandes chaleurs elle passe rapidement à la fermentation putride ; elle devient alors phosphorescente et se résout ensuite en une liqueur noire. On la conserve dans l'ammoniaque.

Lorsque l'essence d'Orient a été bien purifiée par différentes lotions, le fabricant la suspend dans une dissolution bien clarifiée de colle de poisson, il en met une goutte dans la bulle de verre qui lui sert de moule et l'y étend en l'agitant en tous sens. Il ne reste plus alors qu'à la faire sécher rapidement au-dessus d'un poêle, et quand elle est bien sèche, on remplit la bulle de verre avec de la cire fondue qui consolide le verre et fixe l'essence d'Orient contre ses parois intérieures.

Le *Véron* (*Lenciscus phoxinus*); le corps tacheté de noirâtre. C'est la plus petite de nos espèces.

LES LOCHES OU DORMILLES (*Cobitis*, Lin.)

Diffèrent des cyprins principalement par leur bouche garnie de lèvres propres à sucer. Leur tête est petite; leur corps allongé est revêtu d'écailles petites et est enduit de mucosité : leurs nageoires ventrales sont placées très en arrière ; au-dessus d'elles s'élève une seule petite dorsale.

Nous en avons trois espèces en France :

La *Loche franche* (*Cobitis barbatula*, Lin.); pointillée de brun sur un fond jaune, six barbillons. Dans les ruisseaux. Elle n'atteint guère que quatre ou cinq pouces ; sa chair est très-estimée.

La *Loche d'étang* (*Cobitis fossilis*, Bl.) ; le corps marqué de raies longitudinales brunes et jaunes, dix barbillons : elle atteint jusqu'à un pied de longueur. Dans les étangs. D'après les observations de Ehrman, cette espèce jouit de la propriété d'avaler de l'air et de le rendre par l'anus après l'avoir changé en acide carbonique ; sa chair retient un goût de vase.

La *Loche des rivières* (*Cobitis tænia*, Lin.) ; le corps orangé, marqué de séries de taches noires ; six barbillons ; une aigrette fourchue et mobile en avant de l'œil. C'est la plus petite des trois espèces. Dans les rivières.

—

Famille des Ésoces.

Chez les poissons de cette famille, la mâchoire supérieure a son bord formé presque entièrement par l'os intermaxillaire qui seul porte les dents; ils manquent de nageoire adipeuse.

C'est à cette famille que l'on rapporte les brochets et les exocets.

LES BROCHETS (*Esox*, Lin.),

Type de la famille des Esoces, ont, au milieu de la mâchoire supérieure, de petits os intermaxillaires armés de dents en carde, de même que le vomer, les palatins, la langue, les os pharyngiens et les arcs branchiaux; les côtés de la mâchoire inférieure portent une série de longues dents pointues; leur museau est oblong, obtus et déprimé; ils n'ont qu'une nageoire dorsale située vis-à-vis de l'anale.

Nous en avons une espèce en France, c'est

Le *Brochet commun* (*Esox lucius*, Lin.) ; connu de tout le monde pour sa voracité et la finesse de sa chair.

LES EXOCETS (*Exocetus*, Lin.)

Sont caractérisés par la grande dimension de leurs nageoires pectorales dont ils se servent pour se soutenir quelques instants dans l'air ; leurs os intermaxillaires forment seuls le bord de la mâchoire supérieure ; leurs os pharyngiens sont garnis de dents en pavé. On les désigne sous le nom vulgaire de *Poissons volants*.

Nous en avons deux espèces :

L'*Exocetus exilieus*, Bl., reconnaissable à la longueur de ses nageoires ventrales placées en arrière du milieu du corps ; les nageoires sont marquées de bandes noires dans le jeune âge. Dans la Méditerranée.

Et l'*Excocetus volitans*, Bl., à nageoires ventrales petites et attachées avant le milieu du corps.

—

Famille des Siluroïdes.

Les siluroïdes se distinguent aisément de tous les malacoptérygiens abdominaux par leur corps privé de véritables écailles et revêtu seulement d'une peau nue ou de grandes plaques osseuses : chez la plupart, la nageoire dorsale et les pectorales ont une forte épine pour premier rayon ; souvent aussi on rencontre chez eux une nageoire adipeuse placée en arrière. Leurs os maxillaires sont réduits à de simples vestiges ou allongés en barbillons.

A cette famille appartiennent, entre autres genres, les silures et les malaptérures.

LES SILURES (*Silurus*, Lin.)

Ont la peau nue, la bouche fendue au bout du museau ; dans le plus grand nombre des individus, la nageoire pectorale a pour premier rayon une épine articulée de telle sorte aux os de l'épaule, que l'animal peut, à volonté, la rapprocher de son corps ou la fixer perpendiculairement pour s'en servir comme d'une arme redoutable. Dans les vrais silures, la partie antérieure du dos est surmontée d'une petite nageoire que soutiennent quelques rayons.

C'est à ce genre qu'il faut rapporter le plus grand des poissons d'eau douce de l'Europe :

Le *Saluth des Suisses* (*Silurus glanis*, Lin.); noir-verdâtre, tacheté de noir en dessus, blanc jaunâtre en dessous; six barbillons. Il atteint parfois jusqu'à six pieds de longueur. Dans les rivières de l'Allemagne et de la Hongrie.

LES MALAPTÉRURES (*Malapterurus*, Lacép.)

N'ont point de nageoire rayonnée sur le dos; leurs nageoires pectorales manquent d'épines.

L'espèce connue est :

Le *Malaptérure électrique* (*Malapterurus electricus*); ainsi nommé de la propriété dont il jouit de donner des commotions électriques; six barbillons, le corps renflé en avant et plus gros que la tête. Dans le Nil et les rivières du Sénégal.

—

Famille des Salmones.

Les salmones ont pour caractères distinctifs une première nageoire dorsale à rayons mous, suivie d'une seconde nageoire petite et adipeuse; leur corps est couvert d'écailles.

Les poissons de cette famille sont en général voraces; la plupart remontent dans les rivières pour frayer.

Principaux genres : les truites et les éperlans.

LES TRUITES (*Salmo*, Cuv.)

Ont une rangée de dents pointues aux os maxillaires, intermaxillaires, palatins et mandibulaires, et deux rangées de dents au vomer, sur la langue et sur les os pharyngiens ; leurs nageoires ventrales répondent au milieu de leur première dorsale, la nageoire adipeuse correspond à l'anale ; les membranes branchiostéges ont environ dix rayons. Presque tous ont le corps tacheté. Leur chair est très-recherchée.

L'Europe en nourrit plusieurs espèces :

Le *Saumon* (*Salmo salar*, Lin.) ; le dos noir, les flancs verdâtres, le ventre argenté sur les côtés. (Les taches irrégulières brunes dont la peau est parsemée ne tardent pas à disparaître lorsque l'animal séjourne dans l'eau douce.) Sa chair est rouge. Chaque printemps il remonte les rivières par grandes troupes rangées sur deux files que dirige une femelle ; les mâles se tiennent à l'arrière-garde. En général ils nagent avec bruit. On les prend aux filets, avec des lignes, ou bien en établissant des barrages dans les endroits qu'ils ont coutume de fréquenter.

La *Truite saumonée (Salmo trutta*, Lin.); le corps marqué de taches brunes ocellées, la chair rougeâtre. Dans les ruisseaux d'eau claire qui se jettent immédiatement dans la mer.

La *Truite* commune (*Salmo fario*, Lin.); des taches brunes sur le dos, rouges et entourées d'un cercle clair sur les flancs, la chair blanche.

On trouve encore dans les Alpes :

La *Truite des montagnes* (*Salmo Alpinus*, Lin.) ; semblable à la précédente. Ses taches sont plus petites et sans bordures. On la rencontre jusqu'au pied des neiges éternelles.

LES ÉPERLANS (*Osmerus*, Artédi.)

Diffèrent des truites par leurs os palatins armés chacun de deux rangées de dents écartées, et par leur vomer qui n'en a que quelques-unes sur le devant; leur membrane branchiostége n'a que huit rayons; leur corps est sans taches : leurs nageoires ventrales répondent au bord antérieur de la première nageoire dorsale.

L'espèce si recherchée pour sa chair,

L'*Eperlan ordinaire* (*Osmerus eperlanus*), brille des plus belles teintes d'argent et de vert clair : on le pêche dans la mer et à l'embouchure des grands fleuves.

—

Famille des Clupes.

Les poissons de cette famille manquent d'adipeuse ; leur mâchoire supérieure est formée, au milieu, par des os intermaxillaires sans pédicules, et sur les côtés, par les os maxillaires; leur corps est revêtu d'écailles. Un petit nombre seul remonte dans les rivières.

Cette famille comprend, entre autres genres, les harengs et les anchois.

LES HARENGS (*Clupea*, Lin.)

Se reconnaissent aisément à leurs os intermaxillaires étroits et courts qui ne constituent qu'une partie de la mâchoire supérieure, laquelle est complétée sur les côtés par les os maxillaires; le bord inférieur de leur corps est comprimé et revêtu d'écailles dentelées en scie.

On les divise en deux sous-genres : les harengs proprement dits et les aloses.

Les *Harengs proprement dits* (*Clupea*, Cuv.) ont l'ouverture de la bouche médiocre et la lèvre supérieure sans échancrure. A ce genre appartiennent deux espèces depuis longtemps célèbres par la pêche à laquelle elles donnent lieu.

Le *Hareng commun* (*Clupea harengus*, Lin.); le devant des mâchoires garni de quelques dents, la nageoire anale soutenue par seize ou dix-sept rayons.

Cette espèce habite les mers du Nord. Chaque année, en été et pendant l'automne, les harengs arrivent en bancs serrés dans nos climats. Ils couvrent alors la mer dans une étendue de plusieurs lieues. On les prend en général avec des filets de quatre à cinq cents toises de longueur : des pierres sont attachées au bord inférieur de ces filets ; le bord supérieur, au contraire, est maintenu à flot par des barils vides : la dimension des mailles est combinée de manière que le poisson puisse y enfoncer sa tête jusqu'aux nageoires pectorales, et qu'une fois emmaillé, ses nageoires et ses ouïes ne lui permettent plus d'avancer ni de reculer; il devient alors la proie des pêcheurs. Cette pêche a lieu généralement en pleine mer. On sale le poisson à bord, afin de l'empêcher de se corrompre.

La *Sardine* (*Clupea sprattus*, Lin.); plus petite que le hareng commun, dix-huit rayons à la nageoire anale. Sa chair est très-délicate. On la trouve dans la mer Baltique, dans l'Océan et la Méditerranée; au commencement de l'été elle quitte la haute mer et se rapproche des côtes en légions innombrables. La pêche qu'on en fait a lieu à peu près de la même manière que pour le hareng, avec cette différence toutefois qu'on se sert de filets à mailles plus petites, et qu'on emploie pour appât des œufs salés de morue. On nomme *presses* sur les côtes de Bretagne les établissements où l'on s'occupe de la salaison de ce poisson. Les sardines de la Méditerranée passent pour avoir la chair plus délicate que celles de l'Océan.

LES ALOSES (*Alosa*)

Diffèrent des harengs proprement dits par leur mâchoire supérieure échancrée vers le milieu.

L'espèce recherchée sur nos tables,

L'*Alose commune* (*Alosa vulgaris*) se reconnaît à une tache noire vers la membrane branchiostége, suivie de plusieurs autres dans le premier âge. Ce poisson remonte au printemps les rivières par troupes nombreuses : quand on le prend dans la mer, sa chair est sèche et de mauvais goût.

LES ANCHOIS (*Engraulis*, Cuv.)

Ont la bouche fendue jusque derrière les yeux ; leurs rayons branchiostéges sont au moins au nombre de douze.

C'est à ce genre qu'il faut rapporter

L'*Anchois vulgaire* (*Engraulis enchrasi-*

cholus, Lin.) ; le dos bleuâtre, les flancs et le ventre argentés.

On le pêche en quantités innombrables dans la Méditerranée, depuis avril jusqu'en juillet. Cette pêche a lieu ordinairement pendant la nuit : plusieurs bateaux portent un réchaud en fer où brûle un feu vif ; les anchois, attirés par l'éclat de cette lumière, entourent les bateaux ; pendant ce temps, d'autres pêcheurs enveloppent avec de grands filets, nommés *rissoles*, l'espace où brillent les feux. A un signal convenu, ceux-ci sont éteints ; on bat l'eau pour effrayer les poissons qui fuient alors de tous côtés et s'emmaillent dans les filets. On sale les anchois après leur avoir ôté la tête et les intestins, et on les emploie en guise d'assaisonnement.

DEUXIÈME DIVISION,

Les poissons de cette division sont caracté-

risés par leurs nageoires ventrales insérées
sous les pectorales et suspendues immédiatement aux os de l'épaule. Ils forment quatre
familles : les gadoïdes, les pleüronectes, les
discoboles et les échénéis.

—

Famille des Gadoïdes.

Les gadoïdes se reconnaissent à leurs nageoires ventrales insérées sous la gorge et
aiguisées en pointe ; leur tête est bien proportionnée ; leur corps, peu allongé, peu comprimé, est revêtu d'écailles molles ; leurs
mâchoires et le devant de leur vomer sont
armés de plusieurs rangées de dents inégales ;
leurs ouïes sont grandes et soutenues par sept
rayons. La plupart sont recherchés pour leur
chair.

Cette famille comprend, entre autres genres, les morues, les merlans, les merluches
et les lottes.

LES MORUES (*Gadus*, Lin.)

Ont trois nageoires dorsales et deux nageoires anales ; leur mâchoire inférieure est garnie d'un barbillon.

Principale espèce :

La *Morue commune* (*Gadus morrhua*, Lin.) ; le dos gris, tacheté de jaunâtre ; le ventre blanc.

C'est l'espèce à laquelle on fait une guerre si active dans l'Océan boréal. Chaque année, vers le mois de mars, des flottes entières partent des différents ports de la France, de l'Angleterre, de la Hollande, de l'Amérique, pour se rendre à cette pêche au banc de Terre-Neuve. Les morues y sont si abondantes, qu'il suffit souvent de jeter la ligne sans amorce pour faire une bonne capture ; néanmoins, c'est de harengs ou de capelans qu'on se sert pour les pêcher. Un matelot exercé peut prendre jusqu'à trois cents morues par jour. Suivant les diverses préparations qu'on leur fait subir, on leur donne différents noms dans le commerce : on appelle *morues vertes* celles qui ne sont que salées; les morues qu'on s'est contenté de faire sécher sont désignées sous le nom anglais de *stockfich;* celles que l'on a salées et qui ont été séchées ensuite au soleil portent le nom de *morues sèches*. La morue fraîche est appelée en France *Cabillaud.*

LES MERLANS (*Merlangus*)

Ont le même nombre de nageoires que les morues, mais leur museau est dépourvu de barbillons.

Nous en avons plusieurs espèces sur nos côtes de l'Océan, savoir :

Le [*Merlan commun* (*Merlangus communis*); le dos gris-roussâtre, le ventre argenté;

la mâchoire supérieure dépasse la mâchoire inférieure. Sa chair est connue de tout le monde pour sa délicatesse et sa légèreté.

Le *Merlan noir* (*Merlangus carbonarius*); du double plus grand que l'espèce précédente ; le corps d'un brun foncé ; la mâchoire supérieure plus courte que l'inférieure. On le désigne généralement dans nos ports sous les noms arbitraires de *Colin, Grelin, Charbonnier*. La chair des adultes est coriace.

Le *Merlan jaune* (*Merlangus pollachius*); semblable au précédent pour la grosseur ; brun dessus, argenté dessous, les flancs tachetés. Sa chair, meilleure que celle du merlan noir, le cède à celle du merlan commun. On le nomme vulgairement *Lieu*.

LES MERLUCHES (*Merluccius*),

Ainsi que les merlans, manquent de barbillons, mais elles n'ont que deux nageoires dorsales et une seule nageoire anale.

L'espèce commune dans l'Océan et la Méditerranée est

La *Merluche ordinaire* (*Merluccius vulgaris*), appelée généralement *Merlus;* le dos gris-brun, la mâchoire inférieure dépassant la mâchoire supérieure. Les Provençaux la nomment *Merlan.*

LES LOTTES (*Lota*)

Ont deux nageoires dorsales et une nageoire anale comme le genre précédent; mais ils en diffèrent par leurs barbillons.

C'est à ce genre qu'appartiennent :

La *Lingue* (*Lota molua*), appelée aussi *Morue longue;* le dos olivâtre, le ventre argenté. Ce poisson, aussi abondant que la morue dans les mers du Nord, forme un article de pêche presque aussi important : on le prépare de la même manière.

La *Lotte de rivière* (*Lota fluviatilis*) ; jaune, marbré de brun : par une exception unique chez les gadoïdes, son corps est presque cylindrique et sa tête est déprimée. Elle remonte dans les rivières. Sa chair, et surtout son foie, qui prend un développement considérable, sont très-estimés.

—

Les Pleuronectes.

Les pleuronectes, appelés communément *Poissons plats*, ne peuvent être confondus avec aucune autre famille. Ces poissons, en effet, présentent un défaut de symétrie unique parmi les vertébrés, leurs yeux sont placés du même côté, lequel reste supérieur lorsque l'animal nage, et est toujours fortement coloré, tandis que le côté où les yeux manquent n'offre qu'une teinte blanchâtre; leur corps est très-comprimé et très-élevé; les deux côtés de leur bouche ne sont point égaux, et il est rare que leurs nageoires pectorales le soient entre elles ; leur nageoire dorsale s'étend sur toute la longueur du dos ; l'anale occupe le dessous du corps.

Les poissons de cette famille se tiennent en général au fond des eaux ; ils constituent plusieurs genres, savoir : les plies, les turbots et les soles.

LES PLIES (*Platessa,* Cuv.)

Ont, à chaque mâchoire, une rangée de dents tranchantes et obtuses ; les os pharyngiens sont garnis de dents en pavé ; leur nageoire dorsale ne s'avance que jusqu'au-dessous de l'œil supérieur, et laisse, ainsi que la nageoire anale, un espace vide entre elle et la nageoire caudale ; leur forme est rhomboïdale ; la plupart ont les yeux placés à droite.

Nos mers nourrissent, entre autres espèces :

Le *Carrelet* (*Platessa communis*) ; six ou

sept tubercules, formant une ligne sur le côté droit de la tête entre les yeux; des taches aurores relèvent de ce côté la couleur brune de son corps.

La *Limande* (*Platessa limanda*); une ligne saillante au côté droit de la tête; le côté des yeux brun-clair avec quelques taches effacées brunes et blanchâtres.

La chair de ces deux espèces est estimée.

LES TURBOTS (*Rhombus* Cuv.)

Ont les mâchoires et le pharynx armés de dents en velours; leur nageoire dorsale s'avance jusque sur le bord de la mâchoire supérieure, et règne, ainsi que la nageoire anale, jusque près de la caudale. Le plus grand nombre a les yeux à gauche.

Les uns ont les yeux rapprochés l'un de

l'autre, telles sont deux espèces très-estimées que nourrissent nos côtes :

Le *Turbot commun* (*Rhombus maximus*); le corps rhomboïdal, presque aussi haut que long, hérissé de petits tubercules sur le côté, brun.

La *Barbue*; le corps plus ovale et dépourvu de tubercules.

Les autres ont les yeux fort écartés l'un de l'autre; telle est notamment l'espèce de la Méditerranée désignée par Laroche sous le nom de *Rhombus podas*.

LES SOLES (*Solea*, Cuv.)

Sont caractérisées par leur bouche contournée, en quelque sorte monstrueuse du côté opposé aux yeux, et armée de ce côté de dents en velours, tandis que le côté des yeux n'offre aucune dent. La forme de leur corps est oblongue; leur museau, rond, dépasse presque toujours la bouche ; la nageoire dorsale commence sur la bouche, et s'étend, ainsi que l'anale, jusqu'à la nageoire caudale.

L'espèce de ce genre la plus estimée est

La *Sole vulgaire* (*Solea vulgaris*) ; brun-verdâtre du côté des yeux, la nageoire pectorale tachetée de noir.

—

Famille des Discoboles.

Les poissons de cette famille ont les nageoires ventrales réunies en forme de disque.

—

Famille des Échénéis.

Les poissons de cette famille se laissent aisément distinguer par le disque aplati qui recouvre leur tête ; ce disque est composé d'un certain nombre de lames transversales dirigées obliquement en arrière, épineuses ou dentelées à leur bord postérieur et mobiles ; les échénéis s'en servent pour se fixer à différents corps, soit en faisant le vide entre ces lames, soit en appliquant les épines de leurs bords contre l'objet auquel ils veulent adhérer.

L'espèce la plus célèbre de cette famille est

Le *Remora* (*Echeneis remora*, Lin.) ; son disque est composé de dix-huit lames. Il n'est pas vrai, ainsi qu'on le croit vulgairement, qu'il puisse arrêter subitement les vaisseaux dans leur course en se fixant à eux.

TROISIÈME DIVISION.

Les Malacoptérygiens apodes.

Les malacoptérygiens apodes sont caractérisés par l'absence de nageoires ventrales. On les a tous réunis dans une grande famille, celle des

Anguilliformes.

Les anguilliformes ont le corps allongé, la peau épaisse et peu écailleuse. A cette famille appartiennent, entre autres, les genres anguille et gymnote.

LES ANGUILLES (*Muræna*, Lin.)

Se distinguent par la présence de nageoires pectorales et par leurs onïes s'ouvrant de chaque côté sous ces nageoires.

Les individus dont les nageoires dorsale et caudale se prolongent autour du bout de la queue de manière à former, par leur réunion, une nageoire caudale pointue, font partie des *anguilles proprement dites ;* celles-ci se subdivisent en anguilles vraies et en congres.

Dans les anguilles vraies, la nageoire dorsale commence à une assez grande distance en arrière des nageoires pectorales.

A ce groupe appartient :

L'*Anguille commune* (*Muræna anguilla*, Lin.) ; le dos verdâtre, rayé de brun, le ventre argenté ; on en trouve aussi dont le dos est brun-noirâtre et le ventre jaunâtre. Cette espèce habite les mares et les rivières. On sait qu'elle peut vivre longtemps hors de l'eau et même rester des mois entiers enfouie dans la vase.

Dans les congres, appelés communément *Anguilles de mer*, la nageoire dorsale commence non loin des pectorales ; la mâchoire supérieure est toujours plus longue que l'inférieure. Leur chair est moins estimée que celle des anguilles.

LES GYMNOTES (*Gymnotus*, Lin.)

Sont caractérisées par leurs ouïes qui s'ouvrent au-devant des nageoires pectorales; ils manquent de nageoire dorsale.

C'est à ce genre qu'il convient de rapporter

Le *Gymnote électrique* (*Gymnotus electricus*, Lin.), dont les commotions électriques terrassent des hommes et des chevaux. Il peut user de cette propriété et la diriger à volonté, et même à distance, car il tue de loin les poissons; mais lorsqu'il a opéré plusieurs décharges électriques, il s'épuise et a besoin de prendre du repos avant de pouvoir donner de nouvelles commotions : c'est dans ce moment de fatigue que les Américains s'en emparent sans danger.

Troisième ordre.

—

Les Lophobranches.

Les poissons réunis dans cet ordre sont

caractérisés par leurs branchies qui, au lieu d'affecter la forme de dents de peigne comme dans les ordres précédents, sont partagées en petites houppes rondes disposées par paires le long des arcs branchiaux. Elles sont re-couvertes par un grand opercule attaché de toutes parts au moyen d'une membrane qui ne laisse qu'un petit trou pour la sortie de l'eau et ne présente que des rudiments de rayons. Leur corps est cuirassé d'une extré-mité à l'autre par des écussons qui le rendent presque toujours anguleux.

Les lophobranches renferment deux gen-res : les syngnates et les pégases.

LES SYNGNATES (*Syngnatus*, Lin.)

Ont le museau tubuleux, semblable à celui des bouches en flûte, et terminé par une bouche fendue presque verticalement sur son extrémité ; le trou des branchies est situé vers la nuque. Ils n'ont point de nageoires ventrales. On les subdivise en deux groupes : les syngnates proprements dits, connus sous le nom vulgaire d'*aiguilles de mer* et caractérisés par leur corps mince et allongé, et les hippocampes ou *chevaux marins*, dont le tronc est comprimé et sensiblement plus élevé que la queue. Après la mort de l'animal, le tronc et la tête offrent en se courbant une espèce de ressemblance avec l'encolure d'un cheval.

LES PÉGASES

Ont la bouche placée sous le museau ; leur corps est large, déprimé; le trou des branchies est placé sur le côté; ils ont deux nageoires ventrales.

Les espèces connues habitent la mer des Indes.

Quatrième ordre.

—

Les Plectognathes.

Chez les plectognathes l'os maxillaire est attaché fixement sur le côté de l'intermaxillaire qui constitue seul la mâchoire ; l'arcade palatine, engrénée par suture avec le crâne, ne jouit d'aucune mobilité. Les opercules et les rayons sont dissimulés sous une peau épaisse qui ne permet d'apercevoir à l'extérieur qu'une petite fente branchiale ; les vraies nageoires ventrales manquent ; leurs côtes sont réduites à de simples rudiments. Les poissons de cet ordre forment la transition naturelle entre les poissons osseux et les poissons cartilagineux. Ils constituent deux familles, les gymnodontes et les sclérodermes ; la plupart des espéces sont étrangères aux mers de l'Europe.

2ᵉ SÉRIE DES POISSONS.

LES POISSONS CARTILAGINEUX.

Ces poissons ont, ainsi que leur nom l'indique, le squelette essentiellement cartilagineux, et il ne s'y forme pas de fibres osseuses ; leur crâne, au lieu d'être divisé par des sutures, comme dans les poissons osseux, ne forme qu'une seule pièce où l'on distingue des cavités, des trous et des régions analogues à ceux qu'on observe chez les autres poissons ; ils manquent d'os maxillaires et intermaxillaires, ou du moins ces os n'existent jamais qu'à l'état rudimentaire : leurs fonctions sont remplies par les os analogues aux palatins ou au vomer. Les poissons cartilagineux constituent deux ordres : les chondroptérygiens à branchies libres, et les chondroptérygiens à branchies fixes.

Premier ordre.

Les Chondroptérygiens à branchies libres

Ont les branchies libres par le bord externe et s'ouvrant dans une cavité ; mais la membrane branchiostége est dépourvue de rayons : c'est à cet ordre qu'appartiennent les esturgeons et les polyodons.

LES ESTURGEONS (*Acipenser*, Lin.)

Ont le corps plus ou moins revêtu d'écussons osseux incrustés dans la peau par rangées longitudinales ; leur bouche est petite et sans dents; leur nageoire dorsale est située en arrière des ventrales et au-dessus de la nageoire anale; leur museau est garni de barbillons.

Ces poissons, en général fort grands, remontent par troupes au printemps dans les rivières; leur chair est estimée. On prépare, avec leurs œufs, un mets désigné, dans le Nord et les Echelles du Levant, sous le nom de caviar; leur vessie natatoire sert à fabriquer la colle de poisson.

Nous en avons une espèce, c'est :

L'*Esturgeon* ordinaire (*Acipenser sturio*, Lin.); cinq rangées longitudinales de boucliers pyramidaux.

LES POLYODONS (*Spatularia*, Lacép.)

Se distinguent nettement des esturgeons par le prolongement excessif de leur museau, dont les bords élargis figurent une feuille d'arbre ; leur bouche est très-fendue et armée de dents ; leur opercule se prolonge en une pointe membraneuse qui règne jusque vers le milieu du corps.

L'espèce connue habite le Mississipi.

Deuxième ordre.

Les Chondroptérygiens à branchies fixes.

Les poissons de cet ordre sont caractérisés par la disposition de leur appareil respiratoire ; leurs branchies sont adhérentes à la peau par le bord externe, et l'eau s'en échappe par autant de trous qu'il y a d'intervalles entre elles : ces trous s'ouvrent en général à l'extérieur. De petits arcs cartilagineux, ou côtes branchiales suspendues dans les chairs, sont placés en face des bords extérieurs des branchies.

D'après la considération de leur bouche, on les a répartis en deux grandes divisions.

—

PREMIÈRE DIVISION.

Les Sélaciens

Sont pourvus de mâchoires mobiles; ils ont des nageoires pectorales et ventrales; ces dernières sont attachées en arrière de l'abdomen; leurs cinq ouvertures branchiales sont situées de chaque côté du cou ou à sa face inférieure. Chez un grand nombre, la face supérieure de la tête est munie de deux évents destinés à conduire l'eau aux branchies lorsque l'animal tient une large proie dans sa gueule.

A cette division appartiennent les squales et les raies.

LES SQUALES (*Squalus*, Lin.)

Ont le corps allongé, la queue grosse et charnue et les nageoires pectorales de moyenne grandeur; leurs yeux sont placés aux côtés de la tête; leurs ouvertures branchiales occupent les côtés du cou.

La plupart des squales sont extrêmement voraces; leur chair est généralement coriace; leur peau rugueuse devient très-rude par la dessiccation et sert alors à polir différents corps durs.

Les uns, caractérisés par leur museau court et obtus, et par leurs narines percées près de la gueule et prolongées en un sillon qui borde la lèvre, prennent le nom de *Roussettes* (*Scyllium*, Cuv.). Ils ont tous des évents et une nageoire anale; leurs nageoires dorsales sont reléguées fort en arrière; leur nageoire caudale, allongée, non fourchue, est tronquée à l'extrémité; les ouvertures branchiales sont en partie insérées au-dessous des nageoires pectorales.

Nous en avons plusieurs espèces, parmi lesquelles :

La *grande Roussette* (*Scyllium canicula*), appelée vulgairement *Chien de mer*; le corps marqué de petites taches nombreuses.

La *petite Roussette* (*Scyllium catulus*); le corps marqué de taches plus rares et plus larges.

Les autres squales, reconnaissables à leur museau proéminent sous lequel les narines ne se prolongent pas en sillon, retiennent le nom de squales proprement dits; quelques-uns ont des évents, d'autres en sont dépourvus.

C'est dans ce groupe qu'il faut ranger les *Requins* (*Carcharias*, Cuv.), dont les dents, tranchantes et pointues, sont en général dentelées sur les bords. Leur première nageoire dorsale est placée bien avant les ventrales; la deuxième nageoire dorsale se trouve presque vis-à-vis l'anale; leurs narines sont situées sous le milieu du museau, qui est déprimé; les ouvertures branchiales s'étendent sur les nageoires pectorales; ils manquent d'évents.

Tout le monde connaît le *Requin vulgaire* (*Carcharias vulgaris*), si célèbre par sa voracité; sa gueule est armée de dents triangulaires et dentelées sur les bords; les jeunes individus n'ont qu'une seule rangée de dents; il en existe six rangées dans l'adulte. Dans toutes les mers. Il accompagne souvent les navires pour engloutir tout ce qui en tombe.

C'est auprès des squales qu'on place les scies (*Pristis*); leur museau, prolongé en bec déprimé sous forme de lame d'épée et armé d'épines osseuses de chaque côté, ne permet de les confondre avec aucun autre poisson.

LES RAIES (*Raia*, Lin.)

Diffèrent des squales par leur corps aplati et discoïde ; leurs nageoires pectorales, très-développées, horizontales et charnues, se joignent en avant l'une à l'autre ou au museau, et s'étendent en arrière des deux côtés de l'abdomen jusque vers la base des nageoires ventrales ; les yeux et les évents sont placés à la face dorsale de la tête ; les narines, la bouche et les trous branchiaux occupent la face ventrale. Les nageoires dorsales règnent presque toujours sur la queue. On les divise en plusieurs sous-genres, parmi lesquels nous distinguerons les torpilles et les raies proprement dites.

LES TORPILLES (*Torpedo*, Dum.)

Ont la queue courte et charnue ; le disque de leur corps est presque circulaire ; l'espace compris entre les nageoires pectorales, la tête et les branchies est rempli par de petits tubes membraneux verticaux serrés les uns contre les autres, et divisés, par des cloisons horizontales, en petites cellules remplies de mucosité et animées par des nerfs abondants. C'est dans ces organes que réside l'appareil dont les torpilles se servent pour donner des commotions électriques.

La Méditerranée nourrit, entre autres espèces,

La *Torpille à cinq taches* (*Torpedo narke*, Risso).

LES RAIES PROPREMENT DITES (*Raia*, Cuv.)

Ont le disque rhomboïdal et la queue mince; leurs dents sont minces et serrées en quinconce sur les mâchoires. Leur chair, naturellement coriace, a besoin d'être attendrie avant de pouvoir être mangée.

Principales espèces :

I.   40

La *Raie bouclée* (*Raia clavata*, Lin.) ; le corps revêtu de tubercules osseux hérissés chacun d'un aiguillon recourbé.

C'est l'espèce la plus recherchée.

La *Raie cendrée* (*Raia batis*, Lin.) ; le corps dépourvu d'aiguillons, une seule rangée d'aiguillons sur la queue. Dans le jeune âge son corps est tacheté, mais il prend ensuite une teinte plus pâle et plus uniforme. Elle pèse quelquefois jusqu'à deux cents livres.

—

DEUXIÈME DIVISION.

Les Cyclostomes, ou Suceurs

Ont les palatins et la mâchoire inférieure soudés en un anneau cartilagineux immobile ; leur corps large, nu et visqueux, manque de nageoires pectorales et ventrales ; leurs vertèbres sont unies en un seul cordon tendineux

rempli d'une substance mucilagineuse, et revêtu extérieurement d'anneaux cartilagineux
à peine distincts les uns des autres ; ils n'ont
ni arcs branchiaux ni véritables côtes ; ces
dernières sont remplacées par des côtes branchiales très-développées, formant, par leur
union, une espèce de cage. Les branchies offrent l'aspect de bourses. Ces poissons sont
les plus imparfaits de tous les vertébrés ; d'a-
près leur squelette, quelquefois entièrement
membraneux, on peut les considérer comme
établissant le passage entre les animaux vertébrés et les animaux des classes inférieures.

C'est aux cyclostomes qu'appartient le genre

LAMPROIE (*Petromyzon*, Lin.),

Caractérisé par les sept ouvertures branchiales que ces poissons portent de chaque
côté du cou ; leur anneau, complétement circulaire, est armé de dents vigoureuses et de
tubercules très-durs.

Parmi nos espèces, on distingue

La *grande Lamproie* (*Petromyzon maximus*, Lin.); marbrée de brun sur un fond jaunâtre; elle atteint jusqu'à trois pieds. Au printemps elle remonte dans les fleuves; sa chair est très-recherchée.

La *Lamproie de rivière* (*Petromyzon fluviatilis*, Lin.); le dos noirâtre, le ventre argenté. Dans les rivières, notamment dans la Seine. Elle n'a guère que dix-huit pouces de long.

FIN DES VERTÉBRÉS.

Table des Matières.

Troisième classe des Vertébrés.

PREMIER ORDRE DES REPTILES.

DEUXIÈME ORDRE DES REPTILES.

Première famille.

Deuxième famille.

I.   42